热带果树高效生产技术丛书

芒果栽培与病虫害防治彩色图说

詹儒林　王松标　武红霞　姚全胜◎主编

中国农业出版社
农村设物出版社
北　京

“热带果树高效生产技术丛书”编委会名单

编委会名单

主　　编：詹儒林　王松标　武红霞
　　　　　姚全胜

副 主 编：马小卫　梁清志　柳　凤
　　　　　吴婧波　李国平　马蔚红

参编人员（按姓氏笔画排序）：
　　　　　许文天　李桂珍　李　丽
　　　　　杨　洁　何小龙　何衍彪
　　　　　赵艳龙

编者单位

中国热带农业科学院南亚热带作物研究所
中国热带农业科学院热带作物品种资源研究所
中国热带农业科学院三亚研究院
攀枝花芒果科技创新中心
海南省热带园艺采后生理与保鲜重点实验室
热带作物生物育种全国重点实验室

前言

芒果（*Mangifera indica* L.）是著名的热带水果，为世界五大水果之一，年产量仅次于柑橘类、苹果、葡萄、香蕉。芒果广泛分布于全球南、北纬30°之间的热带、亚热带地区。亚洲是芒果种植面积最大和产量最高的地区，占世界芒果总产量的72%；其次是美洲，芒果产量约占世界总产量的12%。中国是世界芒果的主产国家之一，产区分布于北纬18°—26°之间，包括云南、广西、海南、四川攀枝花、广东、贵州和福建等地。截至2021年底，我国芒果种植面积37.46万公顷，总产量395.8万吨。

我国芒果产业经过近30年的发展，面积、产量、单产、生产技术都有了很大的增长和提高，已形成分布多省份、解决300多万人就业问题的区域特色产业。有数据表明，"十三五"期间每亩芒果年均增收500 ~ 600元，成为我国热区农民致富的重要水果和支柱产业之一。在推进热区农业结构调整、助力乡村振兴等方面，芒果产业发挥了重要的作用。

虽然我国芒果产业已有很大发展，但与国内外市场的需求和促进农民增收、产业增效的要求相比，还存在不少问题。首先，品种结构有待进一步优化，多数芒果产区品种太多、太杂，缺乏区域特色"拳头"品种，且早、中、晚熟品种搭配不科学，有些品种占比过大，导致成熟期过于集中，造成果品滞销现象，未来需要进一步优化芒果品种结构，合理安排错季生产，形成相对优势的品种区域布局，创建地区品牌，实现全国周年供应。其次，我国芒果基础、应用基础研究滞后，如芒果开花坐果调控、果实败育以及病虫的致害与寄主互作机理机制等方面的研究滞后，限制了一些新技术、新方法的创新与应用。最后，我国芒果栽培技术精准化不足，在配方施肥，节水灌溉，促花保果，病虫害监测与综合防控，机械化、信息化和智能化生产等方面还较薄弱，限制了栽培技术的精准化和标准化发展。

鉴于此，笔者对我国近20年的芒果科研工作的一些重要成果进行梳理与汇总，从资源品种、栽培管理、病虫害监测与防控、果园防灾减灾等方面进行详细介绍，并辅以大量彩色图片，以便更直观地展示相关技术细节。书中内容能为芒果种植者提供田间管理实操参考，也可为从事热带农业科教、技术培训的人员提供教学辅助材料。希望本书能发挥自身价值，在普及芒果种植基本知识方面产生积极影响，更希望本书在促进我国芒果产业的可持续发展方面起到助力作用。

由于编者水平有限，且时间仓促，书中难免有疏漏之处，敬请读者批评、指正。

编 者

2022年9月

目录

第一章 芒果产业及种质资源

一、芒果产业概述

芒果（*Mangifera indica* L.）属于漆树科（Anacardiaceae）芒果属（*Mangifera*），英文名称Mango，中文名称芒果、檬果，是世界十大水果之一，享有“热带果王”之美誉。芒果树为高大常绿乔木，高可达20米，速生快长，抗逆性强，寿命长达400～500年，容易栽培，结果早，种植后2～3年开始结果，产量较高，经济寿命长，结果年龄一般都在50年以上。其果形美观，色泽诱人，肉质细滑，香味独特，风味浓郁，营养价值高，极受消费者欢迎。果肉含有糖、脂肪酸、矿质元素、蛋白质、维生素、氨基酸、有机酸等多种营养成分。可食部分占果实重量的60%～82.7%，果肉含糖量11.6%～24.3%，以蔗糖为主，可溶性固形物含量15%～24%，高者可达28%，蛋白质含量0.3%～1%，脂肪含量0.1%～0.9%，矿物质含量0.3%～0.5%。100克果肉含维生素C 30～142毫克、B族维生素10.03毫克，含维生素A高达0.6～2.59毫克，类胡萝卜素总量达6～17毫克，超过其他水果；而且所含人体必需营养元素（磷、铁、钙等）也很多。除鲜食外，还可加工成糖浆果片罐头、果酱、果汁、饮料、蜜饯、脱水芒果片、话芒、凉果、果冻、盐渍或酸辣芒果，用于酿酒或制醋酸。其叶片可制药，种子可提取蛋白质、淀粉或作药用。此外，芒果树形美观，遮阴性好，是城市美化绿化的良好树种，也是一种蜜源植物。

目前，芒果广泛分布于南纬30°至北纬30°，冬季最冷月均气温11℃以上，绝对最低气温−3.7℃以上的热带、亚热带地区。全世界有超过100个国家栽培芒果。据联合国粮食及农业组织（FAO）统计，2021年全球芒果（含山竹、番石榴）种植面积597.44万公顷，产量5 701.13万吨；其中亚洲种植面积最大，为427.80万公顷，产量4 185.40万吨，分别占世界种植总面积的71.61%和总产量的73.41%（FAO，2023）。

芒果是我国重要的热带水果之一，我国也是世界第二大芒果生产国，2021年芒果面积37.46万公顷、产量395.8万吨、产值211.4亿元。我国芒果栽培主要分布于云南、广西、四川、海南、广东、贵州等省份，100多个县（市）有芒果种植分布。

二、芒果种质资源

（一）芒果属资源

芒果属（*Mangifera*）起源于亚洲南部、东南部广阔的热带地区，即缅甸西北部、泰国、孟加拉国、印度东北部至印度尼西亚、马来西亚、菲律宾一带。经植物地理学、形态学、细胞学、解剖学和孢粉学的研究表明，该属的形成和多样性中心在亚洲东南部，包括中国半岛至马来西亚半岛及印度尼西亚群岛。据Kositermans（1993）报道本属共有69个种，其中58种已被明确鉴定，另外11个种尚未有明确描述，其中约有26个种的果实可供食用。如：香花芒（*M. odorata*）生长在菲律宾和印度尼西亚，果实最大，可作芒果的砧木；异味芒（*M. foetida*）果实用来制作泡菜，可作酸豆的替代物；蓝灰芒（*M. caesia*）在爪哇岛反季节结果；林生芒（*M. sylvatica*）、褐芒（*M. kemanga*）和巴胡坦芒（*M. altissima*）鲜果可食用，其青果也作水果沙拉；蒙泽芒（*M. laurina* Bl.）和五蕊芒（*M. pentandra* Hooker f.）作沙拉配料深受欢迎；*Mangifera pajang*是该属中最大果的种，格力夫芒（*M. griffithii* Hooker f.）、小果芒（*M. minor* Bl.）、单雄蕊芒（*M. monandra* Merr.）、四边芒（*M. quadrifida* Jack）和相似芒（*M. similes* Bl.）的果实可食用，具有开发潜力（Mukherjee，1997）。然而，世界各国栽培的品种几乎都来自*Mangifera indica* L. 1个种。我国芒果属有8个种，包括普通芒果（即栽培芒果，*Mangifera indica* L.）、泰国芒（*Mangifera* *siamensis* Warbg. ex Craib）、扁桃芒（*Mangifera persiciformis* C.Y. Wu et T. L. Ming）、冬芒（*Mangifera hiemalis* J.Y.Liang）、长柄芒果（*Mangifera longipes*）、林生芒（*Mangifera sylvatica*）、香花芒（*Mangifera odorata*）、锡兰芒果（*Mangifera zeylanica* Hook. f.），冬芒原产中国，扁桃芒和林生芒在中国云南有野生分布，另外5个种则引种自国外。

目前芒果的栽培种*Mangifera indica* L.可能是在东南亚到印度地区由*Mangifera indica*和*Mangifera sylvatica*两个种的种间自然杂合而成。

（二）芒果种质资源多样性

世界上有近2 000个芒果品种资源，但是商业栽培品种不到100个，而全球主要国际贸易品种仅20余个。芒果资源多样性在果实上表现最为丰富，也最为重要。就果实形状而言，有卵形、椭圆形、圆形、象牙形、肾形等形状，果实大小不一，有的大如排球，有的小如乒乓球；果实完熟时果皮颜色丰富多样，底色有绿色、黄色、橙色、紫色，红色等，盖色有橙色、紫色、红色等，依不同品种差异较大（图1-1）；芒果果肉为中果皮，未成熟时味酸，成熟时果肉呈乳白色、乳黄、浅黄、金黄、橙黄、橙红等颜色；果实香味浓郁，有清甜、甜、浓甜、酸甜和酸等风味；果核坚硬，胚可分为单胚和多胚两种类型。

图1-1　芒果果实的多样性

第二章　我国芒果主要品种

目前，中国拥有国内外芒果品种300多个，有早、中、晚熟类型，但在我国广泛推广的主要品种仅为其中的近20个。

1.贵妃（Gui Fei） 又名红金龙、红金凤，我国台湾选育品种，1997年引入海南（图2-1）。该品种长势强壮，早产、丰产、稳产。果实长椭圆形，果顶较尖小，平均单果重436克。青熟果果皮紫红色，成熟后底色深黄，盖色鲜红，果皮艳丽。果肉橙黄色，纤维少，肉质细滑、多汁、较致密。可溶性固形物含量15%，总糖含量13%～15%，可滴定酸含量0.07%，每100克果肉维生素C含量80.9毫克，可食率65%～71%。采收期干旱且光照充足时，果实较耐贮运，味甜芳香，一般无松香味，种子单胚。该品种果实外观美，食用品质佳，综合商品性好，是优质的鲜食品种。海南省主栽品种之一，在广西、云南、四川攀枝花有少量栽培。

图2-1　贵　妃

2.台农1号（Tainong No.1） 原产我国台湾，为海南、广西、云南等地的主栽品种（图2-2）。台湾农业试验所凤山园艺试验分所选育，该品种树势较壮旺，发枝力强。花穗塔形至圆锥形，花期较长（12月中旬到翌年2月中旬），具有较强的反季节成花能力和再生花能力。单果重250～300克，果实斜卵形，成熟果皮背阳面绿色，向阳面带淡红晕。果肉橙黄色，肉质细嫩多汁，香味浓郁，清甜爽口，可溶性固形物含量18.6%。种子单胚，该品种抗炭疽病能力强，耐贮运，丰产、稳产性强。是目前我国种植面积最大的早熟优良品种，也是我国海南省最主要的反季节栽培品种之一。

图2-2　台农1号

3.金煌（Chin Hwang）　我国台湾果农黄金煌先生以白象牙为母本、凯特为父本杂交育成(图2-3)。该品种树势强壮，耐低温阴雨，容易成花，花序长而大，花期迟而长，花朵大而稀疏，果实长椭圆形，单果重915～1 200克，果实特大，成熟时果皮橙黄色带淡红晕，果肉橙黄色，肉质细腻，可溶性固形物含量18.6%，总糖含量13.4%～14%，可滴定酸含量0.1%，每100克果肉中维生素C含量14.1毫克，可食率80%～84%，纤维极少，风味甜，食用品质极佳，核扁平，多胚。该品种抗炭疽病能力较强，但果实发育后期易发生生理性病害，在湿度大的地区易发生水疱病致

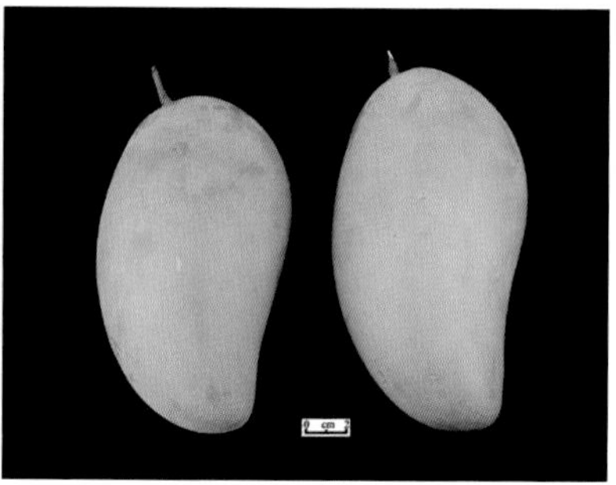

图2-3 金煌（套袋）

商品果率低。中熟品种，丰产稳产、适应性广，海南、广西、云南、四川、福建等省份均有少量种植。

4.白象牙（Nang Klang Wan） 又名White或White Ivory，原产泰国，20世纪30年代引入海南（图2-4）。枝条粗壮、直立、自然分枝位高，枝条较稀疏。花序圆锥形，中等至大。平均单果重322克，果实中等大小，果实象牙形，果肩小，稍斜平，腹肩向下圆出，背肩向内凹陷，果腹凸，果窝较深，果喙明显但较平，果顶尖，整个果实较圆厚，果皮较光滑、浅黄色或黄色，果肉乳白色至奶黄色，肉质致密细滑，无纤维，汁液丰富，可食率74.5%，可溶性固形物含量18.5%，总糖含量16.0%，每100克果肉含维生素C 22.5毫克，可滴定酸含量0.15%，味清甜，品质上乘，多胚。该品种早熟、丰产、稳产，较耐贮运，货架寿命较长，

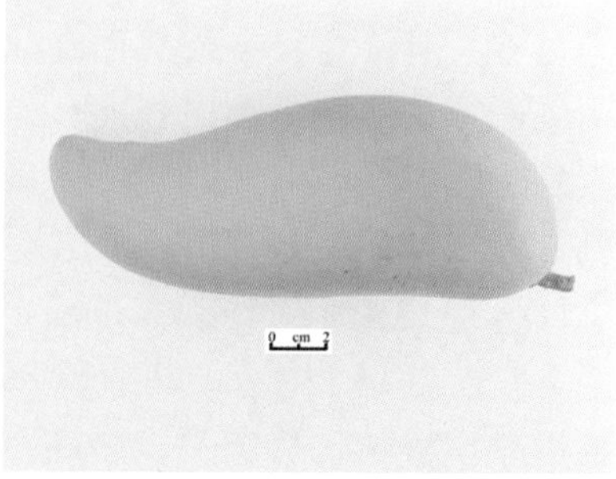

图2-4 白象牙

海南省主栽品种之一。

5.红芒6号（Zill）　又名吉禄、吉尔，原产美国佛罗里达州，从Haden实生后代选出，1984年由中国热带农业科学院南亚热带作物研究所从澳大利亚引进，编号为红芒6号（图2-5）。该品种树势偏弱，枝条较短，叶片较小而厚，叶色深绿，有光泽，叶缘波浪状明显。在广东开花期为2—3月，花序圆锥形，有连续多次开花的能力，抹除花序后能再开花。平均单果重275克，果实未成熟时紫色，成熟后深紫红色，采摘后渐成深红色，果实近似圆形，果肉金黄色，肉质细嫩无渣，味甜浓香，可溶性固形物含量15.8%，可滴定酸含量0.14%，每100克果肉含维生素C 29.88毫克。食用品质佳，果核较小，单胚；成熟期8月上中旬。中晚熟优良品种，较抗炭疽病，耐贮运，丰产稳产。目前是金沙江干热河谷晚熟芒果优势产区的主栽品种之一。

图2-5　红芒6号

6.凯特（Keitt）　原产美国佛罗里达州，为印度Mulgoba实生后代选出，以晚熟高产著称，是目前在全世界种植最广的商业品种之一（图2-6）。1984年自澳大利亚引入中国热带农业科学院南亚热带作物研究所。果实大，宽扁圆形，平均单果重680克，果皮绿色，向阳面盖紫红色，果肉橙黄色，质细，纤维少，味甜多汁；可溶性固形物含量14.9%，可滴定酸含量0.35%，每100克果肉含维生素C 10.35毫克，种子单胚，成熟期在8月中下旬至9月中

图2-6 凯特（左：套袋，右：完熟果实）

旬，在攀西地区成熟期可推迟到10—11月。品质优，耐贮运，货架寿命长，但易感细菌性角斑病。美国、墨西哥的主栽品种，现已成为我国金沙江干热河谷晚熟芒果优势产区最主要的栽培品种之一。

7.椰香（Dashehari） 原产印度，20世纪60年代引入海南，为印度北方的主栽品种（图2-7）。该品种树冠圆球形，树势中等，分枝紧密，节间密集。叶片较小，深绿有光泽，果实椭圆形，长8.4厘米、宽5.9厘米、厚5.6厘米，单果重165克；成熟果皮黄绿色，皮厚而光洁，果肉橙红色，质细，几乎无纤维，离核，味浓甜，可溶性固形物含量15.8%，总糖含量15%～16.8%，可滴定酸含量0.08%～0.16%，每100克果肉含维生素C 13～23毫克，具椰乳芳香，食用品质佳；种子单胚。早熟，耐贮运，在干旱且阳光充

图2-7 椰 香

足环境下结果好，在多雨地区则隔年结果现象发生较严重。越南、老挝、柬埔寨的主栽品种之一，我国海南西部干旱地区和雷州半岛西海岸主栽品种之一，云南华坪和四川攀枝花有少量种植。

8.金白花（Nam Doc Mai）　原产泰国（图2-8）。在广西、海南、云南等地有栽培。果实中等偏大，略呈梭状长椭圆形，果形指数2.0 ~ 2.2，较圆厚。果肩小，近弧形，无果洼，腹肩凸起、果腹凸出。果顶较尖小，常稍呈钩状，果窝浅或无，果喙明显而钝。青果浅绿色或粉绿色，成熟时金黄色，着色均匀，果皮光滑，有密花纹，果粉中等，外观吸引人。果肉金黄色至深黄色，组织细密，纤维极少，果皮也较薄。种子长椭圆形、种壳薄、纤维少、种子扁薄，种仁小，近弯月形，仅占种壳的1/3，居中，多胚。味浓甜，芳香，质地腻滑，无纤维感，品质上乘。可溶性固形物含量19.8%，总糖含量17.6%，可滴定酸含量0.181%，每100克果肉含维生素C 26毫克，可食率78.9%。

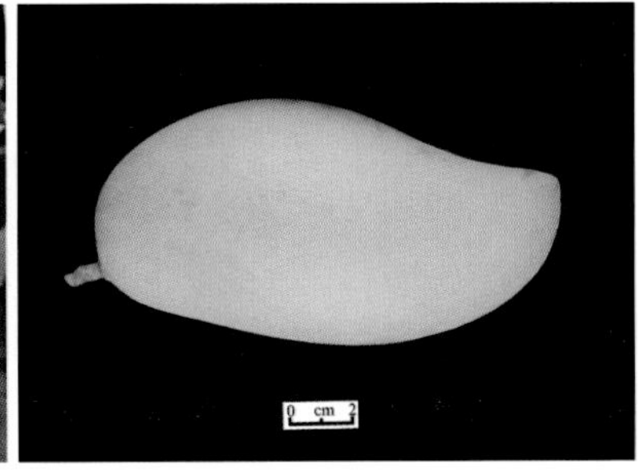

图2-8　金白花

9.桂香（Guixiang）　广西大学农学院用秋芒与鹰嘴芒杂交选育的优良品种（图2-9）。树势中等偏弱，枝条较短而粗壮，结果后枝条易下垂。叶片大而扭曲，叶缘有明显波浪，叶面有轻度皱褶，叶色深绿，嫩叶黄绿色。平均单果重440克，果实长椭圆形，果皮黄绿色或黄色，光滑；果肉深黄色、肉质细、纤维少，汁多，香味浓，甜酸适中，可食率69%，可溶性固形物含量15.1%，可滴定酸含量0.27%，每100克果肉含维生素C 5.33毫克，核较小，

图2-9 桂 香

单胚，食用品质佳。丰产稳产，于20世纪90年代初在广东、广西大面积发展，目前已淘汰。

10.串芒（Chuanmang） 广西大学农学院从象牙22号的芽变单株中选出，因结果成串而得名（图2-10）。树势强壮，枝条平展、中等粗细，发枝力强；叶片大小均匀，叶面略呈波浪，叶色浓绿；花序偏小。果实中等大小，平均单果重280克，果实象牙形，果皮浅紫红色，成熟果为黄色带红晕。果肉黄色、纤维中等偏少、汁多、可食率70%，可溶性固形物含量15%～19%，可滴定酸含量0.37%，每100克果肉含维生素C 5.1毫克，味香甜，品质中等，丰产。中熟，大小年现象较明显，不耐重修剪。串芒外观美，肉质中等，是鲜食和加工的兼用种，在贫瘠坡地或干旱之地表现丰产，可适量种植。

图2-10 串 芒

11.三年芒（Sannian） 又称金芒果，原产云南德宏，系云南的地方品种（图2-11）。该品系珠心胚，实生后代定植3年即可开花坐果，因此得名。树势中等偏壮，树冠松散圆头形，树形较开张，叶片中等大，叶缘呈波浪形，果实斜长卵形，中等偏小，

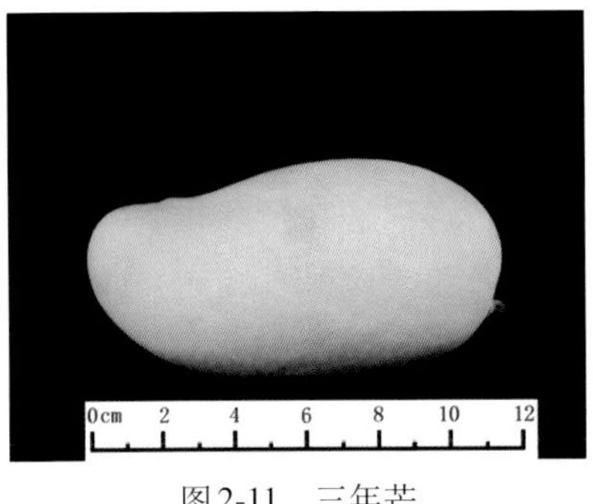

图2-11 三年芒

平均单果重189.4克，可溶性固形物含量16.6%，果肉橙黄色，味酸适中，汁液丰富，香味浓郁，但纤维较多，果核较大，可食率较低，种子多胚。较抗炭疽病，但花果期易感白粉病。中熟、童期短、丰产稳产、食用品质佳。该品种曾作为云南省的主栽品种被大量种植，现在云南还保留有较大种植面积，但因种植效益差，现多为失管状态。

12.桂热芒10号（Guire No.10） 广西壮族自治区亚热带作物研究所于1977年从黄象牙芒实生后代中选出的优良变异单株(图2-12)。该品种树冠卵圆形至圆头形；枝条较细，叶片椭圆披针形，花序中大，圆锥形。开放小花花瓣乳白转紫红色，彩腺黄色。一年有多次开花习性，两性花比率15.9%。果实发育期140天左右，在广西南宁和百色成熟期为8月中下旬，在贵州望谟成熟期为9月上旬。果长椭圆形，单果重350 ~ 550克，果皮碧绿色，成熟时果皮呈黄色至深黄色。果肉橙黄色，质地细滑，纤维极少，汁液丰富，可食率71%以上，可溶性固形物含量21.46%，总糖含量21.2%，可滴定酸含量0.18%，每100克果肉含维生素C 12.1毫

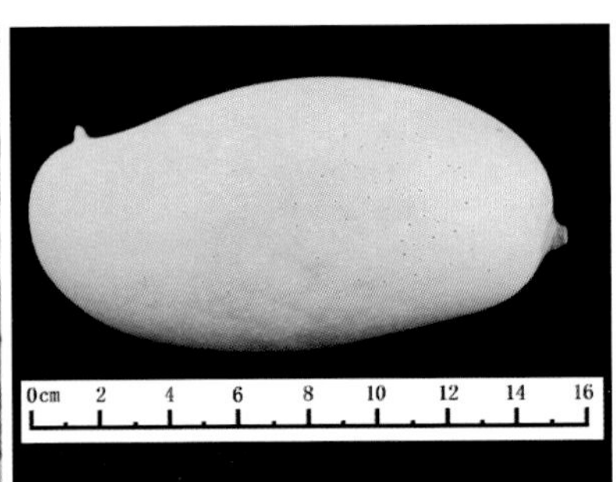

图2-12 桂热芒10号

克，味蜜甜、芳香。果核扁平，多胚。抗白粉病，晚熟、品质中上，丰产稳产、抗性强，在广西百色、贵州望谟有少量栽培。

13.红玉（Hongyu） 2003年中国热带农业科学院热带作物品种资源研究所从海南省昌江黎族自治县七叉镇收集的优良单株（图2-13）。该品种树冠伞形，两性花比率16.3%～25.6%，果实长椭圆形，平均单果重330克，完熟后果皮金黄色，果喙点状凸起，果肉淡黄色，种子椭圆形，多胚，果实发育期90～130天，无明显大小年结果现象。可溶性固形物含量16.3%，可滴定酸含量0.4%，该品种早结丰产，果实大小适中，果形美观，肉质细腻，纤维少，酸甜适口，综合性状佳，抗性强，丰产稳产，但易感白粉病。适宜在海南昌江和东方、贵州南北盘江和红水河流域低海拔河谷芒果宜植区种植，在海南、云南、四川等地有少量栽培。

图2-13 红 玉

14.桂热芒82号（Guire No.82） 又名桂七芒、田东青芒，广西亚热带作物研究所从秋芒的实生变异单株中选育出的优良品种（图2-14）。该品种树势中庸，树姿开张，树冠卵圆形，中矮。叶片中大，椭圆状披针形，叶基狭楔形，叶尖长尾渐尖，叶面有光泽，叶缘轻度上卷，呈浅波状。花序中大，圆锥形。平均单果重271克，果实呈S形，果皮深绿色，果粉明显。完熟时果皮淡绿色，细滑、光亮。果肉黄色，细滑多汁，纤维极少，味甜蜜、芳香，可溶性固形物含量21.1%、总糖含量17%、可滴定酸含量0.51%，每100克果肉含维生素C 6.95毫克，可食率73%，肉质细滑蜜甜，香气浓郁，风味佳。核扁薄，长椭圆形，多胚。鲜食品

图2-14 桂热芒82号

质极好，也宜作果汁加工。丰产稳产，但采后抗病性较差。广西百色地区主栽品种。

15.红象牙（Hongxiangya） 广西大学农学院从白象牙实生后代中选育（图2-15）。该品种树势高大强壮，枝条粗壮，发枝力强，易形成密集树冠，叶披针形，中大，叶面平展，叶色浓绿有光泽。果实象牙形，果顶、果蒂均微弯成钩，果皮浅绿，向阳面呈粉红色，色泽美观，果点明显。果实较大，单果重700克左右，果肉黄色多汁，纤维略多，风味稍淡，品质中等，丰产稳产，目前在我国右江干热河谷和金沙江干热河谷有较大种植面积。

图2-15 红象牙

16.紫花（Zihua） 广西大学农学院从泰国芒果的实生后代中选出（图2-16）。树冠圆头形，枝条开张，树势中等。叶片中等大，叶面平展，两头渐尖呈梳状，叶缘呈微波浪状，叶色暗绿。花序较长，圆锥花序，花梗暗红带绿，花紫色，平均单果重225

克。果实呈S形，外观美，青熟时果皮绿黄色、光滑、果粉较厚，成熟时果皮鲜黄色，果肉橙黄色、纤维少、汁多无渣，核较小，单胚，品质一般，风味略淡，有时偏酸。可溶性固形物含量14.9%、可滴定酸含量0.52%，每100克果肉含维生素C 13.1毫克。较耐贮运，采前抗炭疽病能力强。中熟品种，丰产稳产，广东、广西曾在20世纪90年代大面积种植，但目前因鲜食品质差已被逐步淘汰。

图2-16 紫 花

17. 桂芒1号（Guimang No.1） 广西壮族自治区农业科学院园艺研究所培育的芒果新品种（图2-17），由于其特有的椰奶香味及布丁口感，又被称为布丁。该品种树势强壮、易成花、两性花比率高、花期晚，单果重350～500克，果实椭圆形，果皮光滑，成熟时果皮橙黄色，果肉深黄色，纤维少、质地细嫩，果核薄而小，总糖含量18.6%，可溶性固形物含量20.0%～26.8%，风味清甜，果肉有椰乳香味，品质优，丰产、抗病、耐贮运。

图2-17 桂芒1号

18. 攀育2号（Panyu No.2） 2021年攀枝花农林科学研究院等单位从乳芒实生后代群体中选育的芒果品种（图2-18），该品种果实椭圆形，青熟果浅绿色，完熟后黄绿色，果皮薄，果粉厚，果实发育期120～150天，平均单果重330克，可食率79%，可溶性固形物含量20.2%，生长势强，丰产稳产，果形优美端正，肉质滑腻，纤维极少，中抗畸形病和细菌性黑斑病。适宜在四川、云南金沙江干热河谷流域和广西百色右江河谷区域种植。

图2-18　攀育2号

19.热农1号（Renong No.1）　美国红芒圣心和澳大利亚肯辛顿杂交选育出的实生优良品种（图2-19）。该品种树冠中等开张，树势中等偏强。果实卵圆形，成熟果皮光滑，呈黄色带红晕。果形端正，果实外观好，大小适中。果肉深黄色，种核椭圆形，单胚，平均单果重526克，可溶性固形物含量13.2%，可滴定酸含量0.34%，总糖含量10.3%，每100克果肉含维生素C 11.03毫克，可食率74.6%。肉质细腻，纤维少，鲜食品质优，较抗炭疽病，商品果率高。对低温阴雨的适应能力较强，抗旱能力强，耐贮性较好。适宜在芒果主产区种植，尤其适合在广西、云南和四川的干热河谷地区种植。

图2-19　热农1号

第三章 芒果品种更新技术

一、苗木繁育体系及优质苗木生产技术

（一）良种苗木繁育体系的建立

随着我国芒果产业的发展，芒果苗木繁育逐步向规范化和标准化发展，但仍然存在较为突出的问题，主要表现在：虽然有种苗标准，但是不少繁育单位没有按照标准实施；部分繁育单位或个人缺乏必要的资质；繁育出的种苗质量参差不齐，还存在部分假冒伪劣现象，严重干扰市场。

针对以上问题，很有必要加强市场监管，制定一套严格的管理机制。建议各省份的农业主管部门牵头对辖区所有种子种苗繁育单位进行统一登记，在规定的时间分别对繁育现场进行质量认定和纯度检测，并根据《植物检疫条例》《植物检疫条例实施细则（农业部分）》和《农业植物调运检疫规程》进行种苗检疫，只有符合条件的单位才能进行种苗销售，并且每隔一定时间进行复查，检查不合格的种子种苗繁育单位取消其繁育资格。

（1）在苗木质量技术标准方面，目前国内已经有较成熟的标准，主要为袋装苗出圃标准：品种纯度大于97%；嫁接部位离地面不超过30厘米；砧木接口径粗大于或等于0.8厘米；接穗抽梢2蓬以上，每蓬梢具完整的老熟叶片3片以上，接穗抽出的梢长度大于或等于15厘米，新梢稳定，离接口5厘米处直径大于或等于0.5厘米；接口愈合良好，无肿瘤或缚带绞缢现象；生长势良好，叶片健全、完整、富有光泽，无叶枯病等检疫性病虫害和凋萎现象；茎、枝无破皮或损裂（图3-1）。

（2）在苗木繁育系统中，还应注意基质的配置、塑料袋的选择、砧木的培育、接穗的选择、嫁接技术的使用、嫁接苗的管理、

图3-1　嫁接育苗

苗木的出圃等内容。

(3) 每次苗木出土前，均要由市（县）级以上专业检测机构对苗木进行质量检测和病虫害检疫，获得植物检疫合格证的苗木才能正常出圃。

(4) 苗圃所在地的挑选非常重要。首先，要挑选交通便利地区，最好距核心城市较近或位于多个城市之间，同时要位于主要公路附近，进出苗圃的道路质量一定要好，要能承受装载大树的载重汽车。其次，水源充分是果苗生长的必要条件。土壤疏松、肥沃、有机质含量高、pH接近中性的壤土较为合适。以零售为主的生产苗圃，所需用地较少，一般占地10～20亩*，而以批发兼零售为主的生产苗圃用地较多，一般20～100亩。

(5) 基地的技术管理要因地制宜，依据不同季节的气候特点及芒果苗的生长规律来进行有效的管理，促进苗木的快速健壮生长，缩短生产周期。注意冬季苗木易受到寒潮伤害，应密切关注天气变化，提前施基肥，清理枯枝落叶，做好防寒准备，并做好冬剪工作；春季气温回暖、雨水增多，注意病虫害防治和果苗的移栽和补苗工作，及时清除杂草；夏季是苗木生长的高峰期，但也是病虫害高发期，此时应注意防旱、防涝，并及时进行以速效

* 亩为非法定计量单位，1亩=1/15公顷。本书余后同。—编者注

肥为主的追肥；秋季管理与夏季管理基本类似，为果苗的第二生长高峰，应加强磷、钾肥的施用，以提高苗木的木质化程度，增强抗逆性，尽量减少或停止施用氮肥。

（二）芒果优质大苗繁育关键技术

选择规格为长30厘米、宽20厘米的塑料袋，装入培养土。简易的培养土用肥沃的表土或干牛粪（堆肥）与土以3 ： 7的比例混合制成即可。按每袋1株苗移入袋内，并装土淋水。如果不催芽，砧木种子可以直接植入营养袋。经过1年左右的精心培育，砧木苗可达到嫁接标准，由于是袋装苗，1行设置4 ～ 6个塑料袋较为合适，方便管理。砧木选用多胚本地芒。

接穗必须采自品种纯正、无检疫病虫害的营养繁殖树。采接穗时，应在树冠外围选择向阳、无病虫害、粗壮、芽饱满的一年生或二年生枝条较佳。不宜在正值开花、结果的植株上剪接穗，因植株正处生殖生长阶段，剪取的接穗不易接活。剪取接穗后，立即剪去叶片（留一小段叶柄），并用拧干水的湿毛巾包扎好，做好标记，采穗1周后（叶柄自然脱落后）再嫁接，成活率高。

当砧木苗径达1厘米时，可进行嫁接。生产中主要采用切接法进行嫁接，简便易行。注意嫁接成活后至少培养2次以上的梢。

对于袋装苗，在起苗时注意要断掉露出塑料袋外的根系，并对苗木进行适度修剪，便于保水保湿，提高种植成活率。运输注意装紧压实，不要让果袋晃动。

二、芒果优良新品种其他更新方式

（一）芒果大树高接换冠

我国每年除部分新植区域种植芒果苗外，大部分区域则通过大树高接换冠形式进行品种更新。该技术提供了一种快速更新芒果品种并让其尽早坐果的方法，其优点在于直接在大树上选取若干枝条进行枝接，促使其当年抽发新梢并成熟，成为结果枝，当年换冠，翌年就可以获得一定的经济产量，比重新种植缩短非生产期2年左右，显著降低生产成本。如我国海南早期通过高接换冠，目前基本上将老的芒果品种换成了贵妃、金煌、台农1号等品种。

在海南，一般采用多接穗高位换冠法（图3-2）。每年3—5月结合收果对树体进行回缩修剪，树体高度在1.5 ~ 2.0米，选留20 ~ 40条分布不同方位的枝条修剪，多余的枝条疏去。修剪后2 ~ 3天就可以直接在每个枝条上进行切接换冠。此方法需要的接穗量大，投入较高，但是见效最快。在我国大陆地区，一般在离地1.2 ~ 1.5米高处截干，保留原有主干及主枝一段，待主枝抽芽后，每条主枝选留3条生长健壮、分布合理的枝条，待留下的芽抽梢达到嫁接粗度时进行切接；对于主枝小的芒果树，可以直接在主枝上嫁接。嫁接时间一般是翌年4月，嫁接前15天，停止施肥。在云南中海拔1 200米以下种植区，采用低位截干换冠方法，在芒果采收后离地面1米左右处截干，待主干萌芽后留不同方向2 ~ 3个芽作为翌年的砧木，其余抹除；翌年开春后2—4月嫁接为好（图3-3，图3-4）。

图3-2　多接穗高位换冠

图3-3 低产劣质果园主枝换冠

图3-4 低产劣质果园主干更新换冠

高接换冠后当接穗生长到第二蓬叶老熟，开始抽第三次梢时打顶，促进其分枝。留2个生长粗壮、分布合理的芽，其余抹去。经过打顶留芽处理，每条接穗可形成3 ~ 6条结果母枝，每株树会有60 ~ 120条结果母枝，形成比较良好的树冠。

接穗新梢抽出后易遭炭疽病、切叶象甲、叶瘿蚊、横线尾叶蛾、蓟马等病虫危害。当顶芽萌动时开始喷药，以后每周喷药1次，一次梢喷药2 ~ 3次。可用咪鲜胺、吡虫啉、氯氰菊酯、阿维菌素等农药进行防治，轮换用药。

（二）芒果实生幼龄树换冠

对部分干热河谷区域，由于常年缺水，而实生砧木由于其根系发达，适应性好，抗旱能力强，可以先种植袋装实生苗，保证定植成活率。定植密度随区域不同而不同，因为干旱，果树生长速度较慢，可以适当密植，一般4米×5米或5米×5米，注意施足基肥，一般每穴放石灰1千克、钙镁磷肥3～5千克和畜禽粪15～20千克。钙镁磷肥、石灰放底层，畜禽粪放中层，表土放上层。定植时使根颈部平于地表，定植后整好树盘，覆盖杂草。

芒果砧木苗定植后第二年开始嫁接，嫁接宜在春梢尚未萌动而枝条充实、芽眼饱满时进行（图3-5）。嫁接前1个月，不再给砧木苗施肥，以提高嫁接成活率。选择芽眼饱满、充实、无病虫害的枝条作接穗。接穗采下后立即剪去叶片。根据树的长势采用切接法进行嫁接，每株树在离地面30～50厘米处根据分枝方向接1～4个接穗。嫁接后，要定期检查萌芽状况，抹去砧木上的芽梢，接穗抽发新芽后施薄肥，促梢壮体，及时解除薄膜包带并护梢防风折裂。

图3-5　幼龄树多头切接换冠

（三）胚轴芽接

胚轴芽接是近年来正在试验的一种快速育苗、嫁接新品种的方法，取得了一定效果，但是目前还处在探索阶段。该方法主要有以下特点。①砧木准备。将砧木种子去壳后插入沙床，待种子发芽出土后3～5天，即幼苗胚茎高8～10厘米，叶片尚未展开时取出，洗去根部沙粒，放于室内水盆或湿布中待用。②接穗准备。剪取刚停长转绿的、粗度为0.5厘米以下的枝条运回室内保湿。③嫁接方法。可选用劈接和合接。劈接是将砧木幼苗对切开，切口长2.5～3厘米，将接穗削成等长楔型，插入砧木，用塑料带绑紧切口，再用保鲜薄膜袋套上，将接穗部分密封保湿，放于遮阴度50%～70%的黑色遮阳网下种植；合接是将砧木与接穗各削出一个长3厘米的斜面，然后用弹性好的塑料带绑紧砧木与接穗即可。嫁接过程中注意砧木、接穗保湿及种植后的遮阴。

第四章　现代果园栽培制度

一、芒果现代新型果园的建立

我国农业正处于从统传农业向现代农业，从粗放、分散式经营向集约化、产业化生产的转变，而农业发展也面临着人口多、资源短缺、农业生态环境恶化的挑战。按照生态农业和生态系统工程原理，采取水土保持综合措施，科学配置生物种群，建立生态与经济相协调和形成良性循环系统的生态芒果园，是芒果高产、高效、低耗和可持续发展的根本途径，是芒果产业化生产的客观要求。我国芒果产区主要是山区，山区芒果生产正面临严峻的生态问题。芒果园是一个人工生态系统，系统内各物种之间构建成一个有机整体，山区芒果产业开发时，若在规划布局、园地建设和栽培管理诸环节上忽视或轻视生态栽培，损害了生态系统，必然会导致园区水、光、气、热、土资源利用率降低，生态组分简单化，资源配置劣化，有益微生物和天敌种群减少，园地水土、肥分流失严重，土层变薄，地力衰退，整个园区生态环境恶化；同时，果树抵御各种病虫害和自然灾害的能力减弱，果树的正常生长发育会受到难以估量的影响。因此，芒果现代新型果园的建立必须符合生态栽培的原则。

山区芒果实现生态栽培的意义主要体现在如下3个方面。

(1) 在芒果园生产单元内充分利用空间和资源，科学有序地组合各生物种群，拓展了空间生态位和营养或功能生态位，最大限度地提高了资源利用率和生产效率，从而保证绿色植被最大和生物产量最高，系统动态平衡，达到经济效益、生态效益俱佳的整体效益。

(2) 山区芒果的生态栽培强调充分利用园区的水、光、气、热、土等自然资源，采取立体开发的方式，建立多物种、多层次的良性循环系统，这必将提高园地的生产力及经营效益。

（3）通过山顶防护林“戴帽”，畦面和梯壁套种绿肥作物，既完整地绿化了果园，分层次地拦蓄降水，有效控制了果园“跑水、跑土、跑肥”的水土流失；又起到了夏季降温、保湿，冬季防风、防寒调节，改善小气候的作用；并且增加了果园益虫和土壤微生物数量，为提高芒果产量和品质创造了优良环境条件。

芒果新型现代果园建立的技术措施有如下6个方面。

（1）因地制宜，合理布局。要充分发挥本地资源优势、区域特色优势，在分析论证农业气候、地形地貌、土壤条件和果树生物学特性，以及交通、市场、技术等综合因素的基础上，将具有本地优势的名优品种作为主栽品种，以及确定最适宜种植区域和种植规模，进行区域化布局、专业化生产，为“一县一业”或“一村一品”的品牌战略建设打下基础。芒果受气温和湿度两个气象因素的影响较大，气候干燥有利于芒果开花坐果，而低温多雨则严重影响芒果的授粉受精，冬季的持续0℃左右低温可能导致树体冻害。因此，必须进行区域化栽培，科学规划与选定栽培基地。建园前应周密考察、严格规划、打好基础、配套安排。

（2）根据当地的芒果生态区划，发展适应属区地理气候环境、市场前景看好的新品种。尤其注重在海拔高度500 ~ 1 400米的最适宜种植芒果的地区，发展适应温凉气候的晚熟芒果品种，以充分发挥高山芒果延期成熟、淡季上市的市场优势。

（3）因地制宜实行林果草合理配套，建立芒果园良性生态经济系统。按照生态系统工程和水土保持规划，按照一定的时间、空间科学布设林果草植物种群，并使建立的良性生态系统与周边环境协调吻合。在山地果园中，要切实保护好果园上部的林地，保护好森林就是保证了果园源源不断的“水库”；另外，积极采取在园边、路旁植树种草，畦面和梯壁套种绿肥作物的立体种植措施；也可利用绿肥作物鲜草压青，其同时也可作为畜牧饲料、食用菌栽培基质的来源，形成良性生态经济系统，实现养分、能量的多级循环转化利用，使资源的综合利用和保护培育有机结合。

(4) 采取规范的梯地化建园，并按照水土保持技术要求，搞好园地的基础建设，最大限度地降低园地的水土、肥分流失。

(5) 建设完善的排蓄水系统，以利园区雨季的排洪防涝和旱季的蓄水抗旱。在园区梯地内侧挖排水沟，果园每隔一定距离，纵向从上至下开挖竹节沟，种植区域每行内侧排水沟与竹节沟相连，使排水顺畅。在山地果园顶部建立山坪塘或蓄水池，并用主管道连接到果园，以20 ~ 30亩为一个果园地块单位开设一个出水口作为二级供水口，再连接软管或三级管道进行田间应用，确保每个果园地块的供水良好，有条件的果园可以建立果园水肥一体化滴灌系统。

(6) 采取大穴（长×深×宽为60厘米×60厘米×60厘米）、大肥（有机肥20千克/株以上）、大苗（株高60厘米以上）定植，并逐年扩穴改土，以便为芒果树根系向深度和广度伸展创造一个疏松、肥沃的土壤环境。

二、芒果集约高效栽培模式的建立

所谓“集约”，是相对“粗放”而言的，“集”是劳动和资本这类“人为”因素的密集、深化，“约”是原材料和自然资源的简约、节省。集约应表现为生产要素质量的改善和劳动生产率的提高，合理配置各项生产要素，使其得到最佳组合和最优利用，以获取最佳经济效益。芒果集约高效栽培就是在扩大生产规模的同时，加大资金、技术等要素投入，减少人力、化肥、化学农药等生产资料使用量，保护自然环境的高效率栽培模式。

在现代农业生产快速发展的形势下，芒果产业的未来在于集约化经营，集约化是芒果产业发展的必然趋势。芒果产业集约化的核心是提高产业生产系统的可持续生产能力。集约化的本质是转变产业经济增长方式，走内涵扩大再生产的道路。从芒果产业的再生产过程看，芒果产业增长方式的转变就是由以数量规模扩大为主要特征的外延型增长向以提高生产效率为主要特征的内涵型增长转变。实行芒果集约化生产的目标就是通过芒果生产的规模化、专业化、标准化、高效化，实现芒果产业的可持续发展。

30多年来，世界芒果栽培制度发生了深刻的变化，目前，矮砧密植是世界芒果栽培发展的方向。我国芒果在20世纪80年代和90年代初大发展时期，主要推广了传统的密植栽培方式。此种方式是在当时的社会、经济、技术水平下采用的，确实也对推动我国芒果产业快速发展起到了促进作用。但此种方式建立的果园，由于大多数在封行后没能够及时疏伐，造成果园密闭、光照不良、产量低、品质差。近年来，在芒果产区大力推广的成龄密闭低产芒果园高值化改造等就是在解决此种栽培方式产生的后遗症。

随着农村青壮年向城市的转移，农村劳动力明显不足，目前的芒果栽培方式已不适应现代化果业的发展。今后5 ~ 10年，我国芒果产业处于大规模更新换代的关键时期，新建果园如何建设，采用何种栽培模式，新的栽培模式如何从技术、苗木、设施上进行准备和保障等，应该引起果业主管部门的高度重视，首先要做的就是观念上的更新，以便赶上世界先进技术。

笔者团队从长期生产实践过程中总结出一套适应我国芒果产区的集约高效栽培技术模式，此种栽培技术模式要求采用适应性好的砧木、宽行密植、配备必要设施、实行高效果园管理及安全生产的集约化栽培，可达到经济上高效益、土地上高利用率、光能上高效率、技术上高标准的目的。

1.采用适应性好的砧木　可供选择的砧木品种有广西土芒、广东土芒、海南土芒、广西扁桃、云南小芒、福建红花芒以及当地推广的多胚性芒果品种。具体应根据砧木的适应性及与不同优良品种的亲和力等进行选用。

2.宽行密植　芒果的栽植密度由品种长势、砧木长势及土壤肥力来决定。长势强的品种（红象牙芒、金煌芒、凯特芒、贵妃芒、玉文芒等），或栽植土质条件较好，或在平地栽植时，采用较大的株行距；长势弱的品种（桂热芒82号、台农1号、台牙芒等），或栽植土质条件差，或在坡地栽植时，采用较小的株行距。在不同的地区，因地制宜选择不同的栽植密度。一般建议株行距为（2.5 ~ 4）米 ×（4 ~ 6）米，每亩28 ~ 66株。株、行距的比例1 ：（2 ~ 3）为宜，做到宽行密植栽培（图4-1）。

图4-1　宽行窄株定植

3.选用大苗建园　选用高度60厘米以上，干径1.2厘米以上，在合适的分枝部位有3 ~ 5个分枝且长度在15 ~ 30厘米的大苗栽植建园。优质壮苗主根健壮，侧根多，大多数长度超过了20厘米，毛细根密集（图4-2）。

图4-2　定植一年生苗

大苗栽植时期为夏秋的雨季。一般情况下以6—8月栽植为好。

4.土肥水管理　在肥水管理上，推广应用管道灌溉加肥系统，保证肥水均匀供应，实现高效利用。

（1）水分管理　定植后的幼苗遇旱时需淋水保湿，以保证苗木成活和正常生长。另外，在第一次、第二次秋梢或早冬梢萌发期、花芽形态分化期、盛花期和幼果坐果期、果实发育前期和中期，如遇旱情应及时灌水。每次灌水量以湿透根系主要分布区10～50厘米深土层为限，并达到田间最大持水量60%～70%。灌溉方法除地面漫灌外，比较提倡滴灌方法。

地势低洼或地下水位较高的园地，及时排除园内多余积水，保证植株正常生长，尤其在果实成熟期，更要注意排除园内多余积水。

（2）土壤管理

①中耕除草。为使苗木发根快，生长壮旺，需勤除根圈内的杂草。果园行间实行生草法栽培，定期割草控制杂草生长（图4-3，图4-4）。

②覆盖。改变传统清耕法，推行计划生草栽培和旱季树盘覆盖。一般在雨季行间生草，至雨季即将结束时，再结合施肥压埋杂草；在雨季结束后、干旱来临前的土壤湿润期采用稻草、杂草

图4-3　果园生草（自然生草）

图4-4 果园生草（紫花光叶苕子）

等进行树盘覆盖，以降低土温，减少土壤水分蒸发，提高土壤含水量，增加土壤有机质含量，防止土壤板结，保持土壤团粒结构和通气性，有利于植株根系活动。

③扩穴、深耕改土。种植第二年开始，每年7—10月进行，4～5年内完成畦面改土。定植时挖壕沟种植的，每年在树行一侧，树冠滴水线内缘挖宽、深各40～50厘米的施肥沟，每年挖一个方向，5～6年后将畦面挖完。每条沟压入绿肥或青草50千克，腐熟厩肥10～20千克，磷肥、石灰各0.5～1千克，先粗肥后精肥，与土壤拌匀后施回沟内。定植时挖坑种植的，每年在树冠内缘挖两条相对的长沟，深度、宽度与壕沟法相同，直至将畦面挖完为止（图4-5）。施肥量与壕沟法同。扩穴改土完成后，每年夏季至秋季在树冠下呈放射状或与行向、株向平行挖长100厘米左右、宽60～70厘米、深20～40厘米的长方

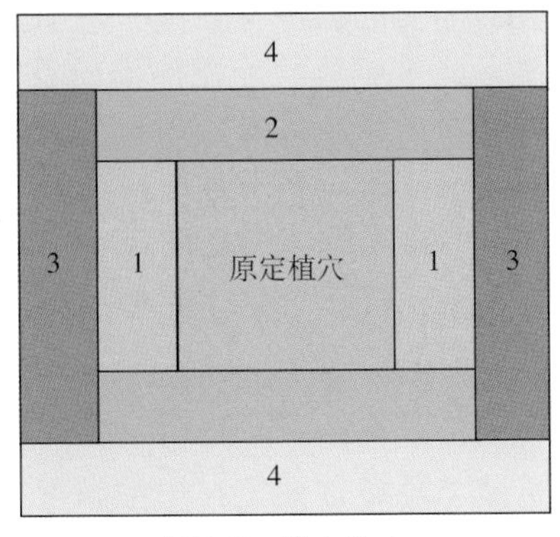

图4-5 扩穴改土

形沟2～3条，断掉部分根系，压入绿肥和腐熟厩肥作为铺面肥(图4-6)。

图4-6 有机肥改土

④间种。幼树期间或成龄果园改接换种2年内，在园内行间和梯田边坡生草或种植绿肥等不影响芒果生长的农作物，培植有机肥源，有利于提高园区光能和土地资源利用率，调节园区微生态环境，防止水土流失，改良熟化土壤。间作作物可用豆科作物、绿肥、部分蔬菜作物、菠萝、西瓜等。

⑤施肥管理。要根据芒果树的生长发育规律和需肥特性、肥分对品质的影响、肥效的持续性等，因地因树制宜，适时适量施肥，注重肥料的配比使用以及有机肥料和微量元素肥料的施用。在芒果树施肥管理过程中，必须采用正确施肥方法，改变以往不科学的施肥方法，具体做到以下几方面改变：第一，改化肥为农家肥；第二，改四季施肥为集中在秋季采果之后及果实快速生长前施肥；第三，改单肥为混肥，在使用农家肥时，适当混以尿素、磷酸二铵，可以起到长短效互补作用；第四，改盲目为有的放矢，要测土配方施肥，施肥量因树龄、树势、产量、肥料种类、负载量及土壤条件而定，一般情况下，幼树每亩施2～3吨腐熟有机肥，结果期施肥量逐步增加；第五，改生肥为熟肥，所使用的农

家肥必须经充分腐熟。

在施肥时，以叶片营养诊断指导芒果树平衡施肥为原则。每生产1 000千克芒果鲜果推荐施纯氮25.84千克，磷肥（以P_2O_5计）9.3千克，钾肥（以K_2O计）29.84千克，钙肥（以CaO计）12.5千克，镁肥（以MgO计）5.0千克，养分比例约为$N : P_2O_5 : K_2O : CaO : MgO = 5 : 2 : 6 : 2.5 : 1$，具体应结合产地土壤肥力等条件确定芒果施肥量。

一是幼树施肥。种植当年于第一次新梢老熟后开始施肥，1 ～ 2个月施1次；第二至三年在每次新梢集中抽发前施肥1次，至11月停止施肥。幼树施肥以氮肥为主，适当施用磷钾肥。根据生长发育需要可适当加施钙镁磷肥、硫酸钾，植后第一年每次每棵施尿素25 ～ 50克或稀薄腐熟粪水3 ～ 5千克；第二年每次每棵施尿素75 ～ 100克或腐熟粪水5 ～ 10千克；第三年尿素增至100 ～ 150克或腐熟粪水增至15 ～ 20千克。每年最后一次施肥应将尿素改为复合肥。复合肥的用量为尿素的1倍。干旱时尿素应淋施，雨天则可撒施。有条件时应用水肥一体化施肥方式。

二是结果树施肥。主要抓好两次肥，即采果肥和壮果肥。首先要重施采果肥，以培育健壮的秋梢，一般要求采收后抽生两次秋梢，以二次秋梢作结果母枝。而且，要求第一次梢在8月中下旬抽出，新梢长出后，每枝选留3个芽作为结果枝延长枝，其余部分摘除，减少养分消耗；第二次梢在10月中下旬至11月初抽出，成为结果母枝。因此，在果实采收后，为了迅速恢复树势，促进抽生健壮秋梢成为结果母枝，要重施果后肥，施肥量要根据树体的大小而定，此次施入量占全年施肥量的60%～ 70%，为翌年开花结果打下基础。视植株坐果情况，一般于采果后7 ～ 10天内进行。十年生以下树，每棵施尿素0.3 ～ 0.5千克加复合肥0.5 ～ 1.0千克，或有机肥25 ～ 30千克加尿素 0.2 ～ 0.4千克；十年生以上树，每棵施尿素0.4 ～ 0.6千克加复合肥0.8 ～ 1.5千克，或有机肥30 ～ 40千克加尿素0.5 ～ 0.6千克。第二次秋梢或早冬梢抽梢前后适当补肥。其次是施壮果肥，芒果树开花多，开花坐果期间消耗大量养分。因此，应在谢花前结合防治病虫，在喷药时混入0.5%的硝酸钾作为根外追肥。在第二次生理落果结束后，根据树势和结果情况每棵施尿素0.5～1千克，硫酸钾0.5～1千克，结果少的树可不加氮肥，只补充钾肥。施肥的同时，应视土壤的干湿度，结合灌水或应用水肥一体化进行滴灌施肥，以免因土壤缺水缺肥引起落花落果。至于花前肥，可采取春肥叶施的办法根据实际需要进行叶面喷施。

此外，在果实发育期，可采取叶面喷肥的方式进行全程补钙。幼果期是芒果吸收钙的最旺盛期。由于钙移动性差，必须全程实施补钙措施，应从芒果落花后2周开始，叶面喷施350倍液氨基酸钙，每隔12～14天喷施1次，连喷2～3次。对套袋芒果在套袋前连喷2次以上叶面钙肥，以保证幼果期充足的钙营养；采果前40～50天，再喷1次。

5.矮化整形修剪 幼树整形时，采用低主干、拉大分枝角度、促发多长小枝的整形办法，以适当控制树冠高度在2～3米，以疏除、长放两种方法为主进行修剪，少短截。竞争枝和徒长枝主要通过拉枝下垂和疏枝控制。另外，通过以花缓势、以果压冠，实现树冠矮化。结果树在修剪时，要改传统的以树为管理单元或以行为管理单元的树冠管理模式，研究应用机械化修剪，提高工效，节省劳动力。

6.花果管理 芒果花果管理的目标就是要保证结果产量和质量，实现芒果生产的高产优质。基于这一目的，必须围绕疏花疏果、保花保果、果实套袋等技术环节做好芒果花果管理的各项工作。采取保果、疏果措施，调节生长与结果的关系，谨防掠夺性生产，促进合理坐果，达到优质稳产。花果期管理的主要工作有如下两个方面。

（1）*修剪和疏花疏果* 对开花率达末级梢数80%以上的树，保留70%末级梢着生花序，其余花序从基部摘除。谢花后至果实发育期，剪除不坐果的花枝和妨碍果实生长的枝叶；剪除幼果期抽出的春、夏梢，并在叶面喷细胞分裂素、叶面肥等进行保果。

谢花后15～30天，每个花序保留2～4个果，把畸形果、病虫果、过密果疏除，及时将疏除掉的花、果、枝叶清理埋入土中，做到枝叶回田，实现营养再利用，减少清园程序。下垂的果穗用绳子吊起，或用竹竿打桩支撑，以防果实碰到地面。

（2）果实套袋　进行果实套袋可以起到防止害虫侵害、减少病害感染、降低机械损伤、提高果实品质的作用，同时还可以减少喷药次数、降低农药残留，是生产绿色果品的重要措施。在谢花后50天左右、第二次生理落果结束时，就可以进行套袋。套袋前还要进行一次喷药防虫防病，建议当天喷过药的芒果树当天套袋完毕，以避免病菌再度侵染。

7.病虫综合防治与安全生产　针对芒果炭疽病、细菌性角斑病、白粉病，芒果横纹尾夜蛾、叶瘿蚊、切叶象甲、扁喙叶蝉、白蛾蜡蝉、果实蝇、蓟马、介壳虫等主要病虫害，实行综合防治，强化农业防治、物理防治，注重保护天敌，实行机械化施药，节约劳力；控制化肥、农药的过度使用；重视有机肥施用，以及病虫害的物理防治、生物防治。

实施标准化生产规范管理，建立健全投入品管理、生产档案、产品检测、市场营销、质量追溯等制度，确保关键生产环节和重大生产技术措施标准明确、操作规范，将标准化生产贯穿生产全过程，为芒果安全生产提供有力保障。

第五章　芒果整形修剪技术

一、树形培养与光能利用

（一）树形培养原则与影响因素

芒果树喜温好阳，结果部位主要在枝条的外围。因此，树体整形应该增加外围结果枝条的数量，但是内膛必须通风透光，有利植物进行光合作用和病虫防治，也可以促进果实开花成熟整齐。因此，要针对芒果的生长、结果习性，从幼树开始，采取合理的整形修剪技术，培养立体结果效果好、通风透光性强的丰产型树冠结构。

1.整形与修剪的基本原则　芒果整形修剪时，以早产、丰产、稳产为目的，以尽可能延长树体经济寿命为原则进行修剪。幼小树体的修剪以尽快成形为原则，盛果期修剪以丰产、稳产为目的，到树体结果后期，以延长经济结果寿命为目的。提高整个果园的经济效益，降低人工成本，提高果树品质是包括芒果在内的所有果树修剪的总体目标和原则。

（1）符合芒果树体及品种的特性　整形修剪是在芒果树体自然生长规律的基础上，人为加以调整，这种调整即整形修剪，不能违背树体本身的特性。芒果树开花部位主要是枝条的顶部，因此，多成枝、成壮枝是芒果树体培养与修剪的目的所在。各种树体，只要通风透光，均可以生长结果。对于芒果树的整形，要求“有形不死，无形不乱；因树修剪，随枝作形”。所谓“有形不死，无形不乱”，是指在整形修剪时，对某一株树要造成某种树形时，不能死扣尺寸，应根据该树的实际情况，灵活掌握，虽然未成某种树形，但符合丰产树的基本要求即可，即结构合理，主从分明，枝组紧凑，外围枝条的数量多。

（2）*有利于丰产和稳产*　整形修剪的目的，不仅是有利于结果，而且是“早结果、多结果、结好果、长结果”。也就是使幼树提早结果，使成年树高产、稳产、优质，并且经济结果年限长，树冠不太高，修剪、打药、套袋、采果都比较方便省工。这是衡量果树整形修剪合理的重要标准。

（3）*因地、因树制宜*　芒果树体的生长因品种、管理水平、立地条件、肥水条件、气候条件、栽培密度等有所差异，因此整形修剪时除考虑果树本身外，还要考虑到这些条件。如在土壤瘠薄的山地或丘陵上种果树，因条件较差，树形较小且树势弱，整形时应采用小树冠树形。在地势平坦、土壤肥沃，或者管理水平较高、肥水条件较好的条件下，树势较旺，树冠大，枝条多，则主干可较高，修剪上多采用轻剪、少采用短截。除此之外，还要依据树体的生长势、主干直径和树体冠径等来决定适当的修剪方法，使修剪工作能与之配合或调节，达到预期目的。

（4）*有利于提高经济效益*　近年来，劳动力成本在不断攀升。因此，芒果树体的整形修剪应该在保证丰产稳产的基础上，控制树体高度，实行简易修剪的原则，应用省工栽培技术，提倡采用开心形或者简易的圆头形树形，主干距离地面30～50厘米高，树体主枝少，结构简单，树形通风透光，催花容易，套袋方便，病虫害相对较少，减少了人工费用，从而提高了整个果树商品生产效率及经济效益。

（5）*调节生长与结果关系*　在一般情况下，修剪有利于加强树体生长，同时也有利于结果。如幼树造形时，对骨干枝留一定长度短截，剪口留饱满芽，可以使枝条水分、养分状况得到改善，新梢生长旺，叶大而绿，树势和骨干枝变强。对辅枝及其枝组轻剪、长放、多留，有助于减缓树势生长而易于成花。盛果期疏除过多花果，疏缩弱枝，可以集中养分供果实生长，有利于高产、稳产和提高果实品质。对弱树适当重剪，少疏多截，可促进壮枝长梢，有利于恢复树势。旺树采用摘心、拉枝、扭梢等措施，可改善光照，提高叶片光合效率，抑制过旺生长，还有利于提高果品品质。

2.树形变化特点

（1）树形因品种特性、树龄和栽培管理水平有所调节　不同品种的树形整形措施按芒果树主干长势不同而不同，大致可以分为3种类型：第一种类型主干比较直立（如象牙芒和泰国芒等品种），主枝与树干的夹角比较小，树高大于冠幅，树冠呈椭圆形，该种类应按照有中心主干的整形方式进行整形修剪（主干疏层形）；第二种类型主枝与树干的夹角较大（如秋芒、紫花芒），枝条开张，植株比较矮小，树高小于冠幅，树冠呈扁球形，应按伞形方法进行整形修剪；第三种类型，分枝角度大小在以上二者之间（如粤西1号、吕宋芒），树高和冠幅大致相等，树冠呈圆头形，应该按照圆头形方法进行整形。

（2）不同树龄的树形整形特点　从幼树成形，到树体衰老，树的形状会有所变化，在幼龄时期，树体不会出现密闭，枝条比较稀少，因此，每个枝条都是值得利用的，生产的目的是最大程度提高产量，到树体进入旺盛生长期间，可以适当进行重剪。

（3）不同管理水平的整形特点　管理水平和树形密切相关，一般情况下，低管理水平采用的是芒果树体品种自然的树形，只略加人工修剪，多用自然圆头形，这种树形丰年后树体高大，管理不便，建议采用其他措施进行矮化，如增加种植株行距，土施多效唑等；高管理水平建议采用密植的方式，前期采用自然圆头形，多留枝条和枝组，快速成形结果，后期重点疏去树体内部影响光照的枝组，可以改为开心形，提高通风透光能力。

（二）修剪的依据

在制定某一果园修剪技术方案时，应先了解该园果树当年生长、结果和管理情况，并实地调查，提出修剪方案，其依据主要有如下4个方面。

1.品种特性　每个品种的分枝角度、萌芽力、成枝率、枝条硬度、花芽形成难度、结果枝类型、隐芽及潜伏芽的寿命和萌发能力，以及对修剪的反应，都可能不同。因此，应根据不同品种，有时还应考虑到不同的砧木的特性，采取相应的整形修剪方法，切实做到因品种而修剪。

2.树龄和树势　幼年树和初结果期树，一般枝条较少，生长势旺；而盛果期树，往往长势中庸偏弱。前者在修剪上应在培养牢固骨架枝的基础上，迅速扩大树冠，实行轻剪长放，多留枝多长叶，积累养分，达到早期丰产；对盛果期树要防止早衰，适当重剪，更新细枝，适当留花留果，达到稳定、高产、优质的目的，同时延长结果年限。如果出现“大小年”结果现象，要尽快调整修剪方案，大年树要多留更新枝，控制结果母枝数量，使非结果母枝与结果母枝数量达到适合比例；对小年树要同时采取疏花疏果和肥水管理措施，使小年树尽量多形成花芽，以达到稳产、优质目的。

3.自然条件和管理水平　在不同的自然条件和栽培管理水平下，果树的生长发育差异很大，应具体问题具体分析，并采用适当的树形和修剪方法。例如，同为台农1号芒果，在丘陵山地，土层较瘠薄，可密植，培养小树冠，重修剪，可能单株产量低而亩产并不低，且产出果实品质好；而在较为平坦和肥沃的土地上种植时，可培养大、中型树冠，枝条及时修剪更新，改善光照，使枝枝见光，树冠稳定，正常开花坐果。

4.果园的轻简化修剪及节本增效　芒果的不同修剪方法所花费的人工费用不尽相同，为了能做到少投入、多产出，提高经济效益，芒果的修剪应采用轻简化修剪法，如轻剪长放、矮壮修剪、简化修剪、机械化修剪以及化学修剪等，以减少修剪用工，增加果园纯收入。

（三）常见树形及整形修剪技术要点

1.自然圆头形树冠的整形　这是海南芒果生产中采用最多的整形方法。大多数芒果树在不加修剪的情况下都能形成圆头形树冠，其特点是无中央领导干，但如不加整形修剪，则树冠内枝条凌乱、分枝生长不均匀、从属关系紊乱、结果较迟。自然圆头形的整形方法与步骤如下图5-1所示。

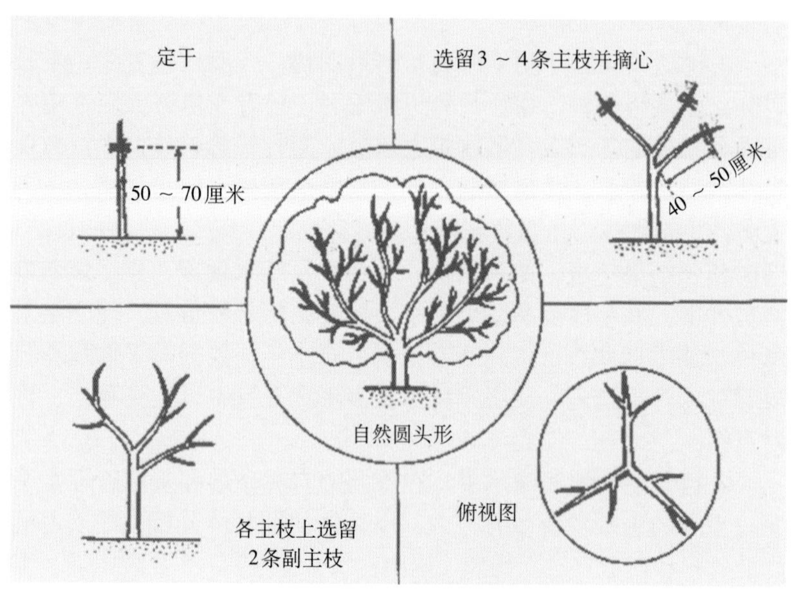

图5-1　幼树整形示意图

（1）定干　苗高80 ～ 100厘米时，通过摘心促进主干长出分枝，一般品种定干高度为50 ～ 70厘米，枝条下垂的品种（如秋芒）定干高度可适当高些（图5-2）。

图5-2　密节芽上方短截定干

（2）培养主枝　主干抽梢后，选留3 ～ 5条长势相当的分枝作主枝，其余抹除。如果长势差异大，可通过拉枝、压枝及弯枝等方法抑强扶弱，以求生长势均匀，角度适中（图5-3）。主枝与树干间的夹角保持50° ～ 70°（图5-4）。

图5-4　主枝与树干间夹角保持50° ~ 70°

图5-3　拉枝促分枝角度

（3）培养副主枝　当主枝伸长60 ~ 70厘米，在40 ~ 50厘米处摘顶，促进主枝抽生分枝，选留3条生长势相当的分枝，其中两条作副主枝（二级枝），一条作主枝延续枝。待延续枝伸长50 ~ 60厘米时再留第二层副主枝；如此方法再留第三层、第四层分枝（图5-5）。

副主枝与主枝的夹角应大于45°，所留的副主枝应与主枝在同一平面上，避免枝条重叠或交叉，长度不应超过主枝。

（4）辅养枝及其处理　由副主枝抽生的枝条发展成结果母枝，发挥扩大叶面积、提高光合效率，积累营养物质供植株生长发育的作用，这类枝条一般不宜剪除。对徒长性强枝可以短截，促进分枝，以保持枝条的从属性。也可疏除扰乱树冠的交叉枝和重叠枝。结果2 ~ 3年后，一些枝组生长势变

图5-5　短截主枝促副主枝（二级分枝）

弱或位置不适影响树冠通透性，则可以逐步疏除。

(5) *徒长枝及其处理* 在上述各类枝条上常常抽生一些特别强壮的徒长枝，如不及时处理会影响骨干枝的发育，扰乱枝条的从属性，因此，应予疏除（图5-6），但若该主枝（副主枝）生长势弱，则也可培养以代替主枝（图5-7，图5-8）。有病虫枝出现也应及时处理。

图5-6 疏除强势直立徒长枝

图5-7 已分枝幼树，短截中心强势枝，选留长势均匀侧枝培养为主枝

图5-8 分枝过多，去强去弱留中庸，选留分枝角度大且长势一致侧枝作主枝

2.自然扇形树冠的整形（有中央领导干）

（1）定干　在苗高70～90厘米时摘心，促进分枝。抽梢后选留3个主枝。

（2）选留主枝与副主枝　主干抽梢后，选留两条生长势均匀、对称，与行间成15°夹角的分枝作主枝。如角度不合，可通过人工牵引予以校正；另选留一条较直立的新梢作延续主枝，如无直立枝可选粗壮分枝，在未木质化前用人工牵引，使之向上生长。主枝伸长后，在离主干45～60厘米处保留2～3个侧芽或背下芽作第一层副主枝，并保留延续主枝继续生长。待延续主枝伸长后，相隔45～60厘米留第二层副主枝；当延续主枝向上生长至离第一层主枝100～120厘米时留第二层主枝，第二层主枝与第一层主枝呈斜"十"字形，与行间也成15°夹角，但方向与第一层相交错，例如第一层分枝为西北西与东南东的方向，则第二层分枝为东北东与西南西的方向。

在副主枝上长出的侧枝（三级、四级枝）应尽量保留，但过密枝、交叉枝、重叠枝、病虫枝和扰乱树冠的枝条应予疏除。此树形的特点是有中央领导干，树冠投影呈椭圆形，保留较大的行间，有利于果园通风透光，并可利用层性增强空间结果效能，适于密植栽培，但对技术要求较高。

3.疏散分层形树冠的整形　适用于泰国白花芒等直立性强的品种，整形若干年后仍有一些主枝向上生长，主枝变成树干，树冠呈椭圆形（或近圆锥形），对这种树可修整成疏散分层形树冠。即在主干高50～70厘米处留3～4条枝作第一层分枝；相隔100～120厘米留第二层分枝，再隔60～70厘米留第三层分枝。每层主枝2～3条，各层主枝生长方向错开。主枝上留副主枝2～3层，每层留副主枝2条，副主枝上再分生辅养枝（发展结果母枝方法同自然圆头形树冠的整形方法）。

（四）郁闭果园的改形修剪技术

郁闭的果园表现为果树树冠不断扩张，树体消耗加大，产量严重下降，光照通透性差，病虫害较严重，果实商品性较差。在定植密度合理的情况下造成郁闭的主要原因是整形修剪和其他栽培管理措施不当。

对郁闭的果园，若要保证当年有一定产量，可采取逐年回缩更新的修剪办法，即第一年按顺序隔行回缩修剪一半植株，第二年再把剩下的一半植株回缩更新，使整个果园在两年内轮换更新，轮流结果。

回缩修剪的方法是用手锯在树体离地面1.5米处锯断，保留一段一级或二级分枝，使重新抽芽形成树冠（图5-9）。如在秋季回缩修剪，可以不用遮阴防晒，如在夏季回缩修剪，要避免猛烈的阳光晒伤树皮，可将锯下的枝叶搁在树杈上遮阴，且最好每棵树保留1条带叶的侧枝，通过叶片蒸腾作用，不断向上输送水分，缓和树体温度和促进侧枝抽芽。

图5-9 密闭树先锯干疏除直立主枝，形成中空树冠，增强通透性

回缩修剪长出的枝梢，要通过整形修剪来控制树冠，当一级或二级分枝长出二级或三级分枝一蓬叶老熟后，进行疏枝，在1条一级或二级分枝上只留二级或三级分枝3条，多余的除去。第二年将二级或三级分枝剪到第一蓬叶密节下处，促使长出三级或四级分枝，每条二级或三级分枝只留三级或四级分枝2条，多余的除去，待三级或四级分枝一蓬叶老熟后，摘顶促使长出四级或五级分枝，保留2条成为结果母枝。如一棵树在回缩修剪时保留有5段

一级或二级分枝，第三年就有60条结果母枝，产量也就相应地提高（图5-10，图5-11）。

图5-10　粗度适中结果枝在密节芽下方短截，萌芽少，减少疏芽工作量

图5-11　强枝、直立枝在密节芽上方短截，萌芽多，分散徒长势，花前修剪再疏芽定梢

回缩修剪标准须考虑到当年结果母枝形成后，树冠宽度要比行距少1米，使两行树之间有1米左右的空间，便于田间管理和冠内通风透光。对于阳光和雨水较充足的芒果主产区，如海南，枝条往往易旺长，树冠难以控制，可通过回缩修剪结合化学修剪（施用多效唑）的途径来实现合理管理。合理施用多效唑，既能抑制树体生长，又能促进开花结果。海南施用多效唑的具体方法为：土施和叶面喷施相结合；一般从7月初开始，在芒果树结果母枝第一蓬叶的末梢叶片充分老化至第二蓬梢刚抽出10 ~ 15厘米时，环沟土施多效唑，待第二蓬叶淡绿后再进行叶喷。注意土施施药量以树冠地面投影面积计算，每平方米施15%多效唑10克左右，叶面喷施溶液有效成分浓度为500 ~ 1 000毫克/千克。

二、简化修剪与省力化管理

（一）简化修剪的意义

随着农村劳动力成本提高，简单易行的栽培修剪管理措施成为未来芒果生产发展的方向。简化修剪是与过去较复杂修剪相对而言的。过去苹果、梨、桃等北方落叶果树的修剪，由于采用稀植大冠，如各种主干疏层形，树体结构复杂，骨干枝级次较多，肥水管理水平又不高，因此长期以来，形成与之相适应的修剪规范体系，曾为提高我国果树产量和修剪技术水平做出贡献。但其为了建造比较庞大的骨架、调节树体各部分之间的均衡关系、生长与结果之间的矛盾，修剪过于细致、复杂，大多理论自成一套体系，因而修剪既费工、费时，又难于掌握。一般技术人员要掌握好这样的常规修剪技术，至少需要四五年以上的实践过程，特别是现在农村实行的是以户为单位的责任承包制，技术力量薄弱，普及该种修剪技术比较困难。随着矮化密植程度的提高，小冠树形的树体结构趋于简单，为简化修剪创造了有利条件。无论从提高劳动生产率和便于推广普及来看，还是从矮化密植早果丰产优质改革来看，简化修剪（广义包括化学修剪和机械化修剪）是未来的发展方向。

简化修剪不等于粗放修剪，更不是放任不剪，而是在树体结构简化和肥水等综合管理水平提高的基础上，更深入地掌握树体生长结果规律，通过比较简单、规范化的修剪，既能节约劳力、提高工效、便于在果农中普及和推广，又能生产出优质高产的果品。

（二）简化修剪主要措施

1.树形结构上的简化和密植　过去稀植大冠的复杂树体结构，是造成修剪复杂的根本原因之一。现代果树栽培多采用密植，密植果树采用大冠的复杂树体结构时，由于该结构具有长成大冠的巨大潜力，不仅修剪复杂而且根本无法控冠。密植的树形必须简化，简化的重要标志是骨干枝级次减少。主干疏层形有中心干、主枝、侧枝三级；开心树形最少也有主枝和侧枝二级。现在适宜密植的树形结构为有中心干的自由纺锤形，只有二级，即中心干和主枝，主枝上不再配置侧枝。在密植发展到圆柱形树形结构时，则只有中心干一级骨干枝，其上直接着生结果枝组。如果发展到草地果园，一棵树就由1 ～ 2个大型枝组构成。开心形也一样，现在较高密植条件下的Y形，一棵树就有2个主枝，主枝上同样可不配置侧枝而直接着生结果枝组。密植要求树体结构简化，而树体结构的简化为简化修剪创造了条件。

2.选择、培育适宜简化修剪的品种　不同果树品种修剪技术不完全相同，有的品种适宜简化修剪。从长远看，选择、培育适宜简化修剪的品种，是解决这一问题的根本方法之一。当前生产中，一是选择对修剪反应不敏感的品种，二是选择适宜的矮化品种和采用矮化砧木，结果后树的长势易缓和、稳定，一般不易跑条，多抽生健壮短枝。由于树冠矮小，骨干枝级次少，结果枝组寿命长且自身更新能力也强，修剪上容易简化省工。像芒果这种枝条易旺长，树势难于控制的树种，选择适宜的矮化品种和采用矮化砧木显得更为重要。采用矮化砧木，可进行矮化密植，有利结果和控制果树生长，修剪上无疑也有利简化和省工。

3.研究品种生长结果特性，寻找简化修剪方法　了解和掌握果树生长结果特性，是整形修剪的基本依据。这里讲深入研究生长结果特性，并非指过去整形修剪不以生长结果特性为依据，而是说有些特性是在特定栽培条件下的具体表现，一旦某些栽培条件和环境发生变化，这些特性也会随之变化。

4.减少修剪次数　芒果一般在采果后温度不高的时期，进行1次修剪，其他时候修剪会影响树体的生长和长势，再次修剪一般是在树体通风透光受到严重影响时进行的，以通风透光为目的。

5.化学修剪　化学修剪是指应用植物生长调节剂，或抑制果树枝梢生长、促进分枝，或改变角度，或抑制萌蘖等的修剪方法。

抑制树体新梢过旺生长的植物生长调节剂，目前果树上应用最多的是多效唑，其次是矮壮素和乙烯利。芒果上采用多效唑进行控梢，通过土施多效唑和叶面喷施相结合的方式能显著抑制芒果新梢生长。

6.机械化修剪　目前世界上只能对篱壁果园实现机械化修剪。常用机引长臂圆盘锯、旋转圆盘顶剪锯或水刀镰刀杆式锯篱剪树冠顶部和侧面，将树篱剪成各种树形。有的是机械篱剪加隔年人工修剪，有的则是机械篱剪后人工稍加补充修剪。热带果树的机械化修剪比较少，主要是因为树体高大，生长量大；但随着人力劳动成本提高，机械化修剪是未来修剪发展的方向，并且必须发展出相应的综合管理措施。

7.提高土壤肥力和施肥水平，有利简化修剪　我国果树生产多采用复杂、细致的修剪方法，与土壤肥力和施肥水平低下有一定关系。经济发达国家，果园土壤有机质含量一般都在2%以上，主要采用生草、覆草等先进的土壤管理方法，根据叶片分析和土壤分析进行科学施肥，保证树体生长健壮。国内有些优质丰产园，由于综合施肥水平高，修剪也就不必那么复杂。因此，通过改良土壤，改进土壤管理方法，提高土壤肥力和综合施肥水平，必将有利简化修剪，这是今后我国果树向简化修剪方向发展的重要条件。

第六章　果园土、肥、水综合管理

一、果树施肥与养分综合管理

（一）芒果施肥存在的主要问题

芒果在生长发育过程中形成各种有机物，除了从空气和水中获得碳、氢、氧之外，其他的氮、磷、钾、钙、镁、铁、硼等矿质元素均来自土壤。而土壤所含的矿质元素是有限的，不能完全满足芒果生长发育，还需要人工施肥来补充。因此，在芒果栽培管理中，合理施肥是保证芒果高产、稳产、优质，对环境友好的一项重要措施。目前在芒果施肥管理过程中主要存在以下问题。

1. 施肥位置不准确、施肥方法单调　施肥深度为20 ～ 30厘米，幼树施肥适当深些，以利于其扎根；但若施得过深，浅层根系吸收不到养分，对花芽的形成和果品质量的提高起不到多大作用，尤其是对根系分布较浅的果树而言，更不能施得过深。果树根系是一种立体结构，若局限于1种施肥方法，将使某些部位的根系得不到充足的营养。几种施肥方法交替轮换或配合进行，才能最大限度地满足根系的营养需求，从而大幅度提高产量和果品质量。因此，幼树定植时要挖大坑，并施足量有机肥，随后每年秋天进行扩穴施有机肥，直至全园普施1遍，然后再用翻施—穴施—放射沟施—环状沟施等几种方法轮换进行。

2. 施肥时间不准确　芒果施有机肥的最佳时间应根据各地生产的具体情况合理安排，一般在果实采收后即可施肥。因为冬季正值根系生长高峰，深耕施肥断根可使根系萌发新根，起到修剪根系的作用，提高根系活力。此时施入有机肥，可提高树体的营养储备，增强树体抗逆性，健壮树势，有利于花芽的深度分化，提高花芽质量，满足春季发芽、开花、坐果、新梢生长的需要，为翌年的果品产量和质量奠定良好的营养基础。

3.施肥方法不当 有些果农在施肥时常直接将肥料堆施于沟穴中，这是不正确的。肥料未经处理，施肥太集中，浓度过高时，不少幼树会因此发生肥害，造成死根、树叶枯萎等现象；当成年树发生肥害后，常导致根系局部烧坏褐变，易引发根腐病等根部病害。正确的方法是将有机肥料和土混匀后再施于沟穴内。可溶性肥料，如氮肥、钾肥、微量元素肥料等，施用时可采用穴施法，施用时最好是拌土或稀释后再浇灌，或施肥后立即灌水避免烧根。施含磷等不易溶解的肥料时，最好与有机肥混合后施入，也不可施得过于集中，穴施时最好与土壤混合一下再施。

4.重视化肥，轻视有机肥 据统计，目前有机肥所能提供的氮素只占作物需氮量的30%，70%左右的氮要靠化肥供应，其他如磷、钾等元素也呈现类似情况，化肥的增产效应十分明显。正因如此，有些果农重施化肥，而忽视有机肥的施用，有机肥施用量逐年减少，很多果园甚至不再施用，单靠施用化肥来维持产量，造成果园土壤板结，果品质量下降。

有机肥在果树生产中的作用是不可替代的。一是营养成分丰富、全面；二是能改良土壤，形成更多的团粒结构，增加土壤有机质含量；三是有利于土壤中微生物的活动，加速有机物的分解；四是在分解过程中能够产生大量有机酸，使一些难溶性养分变成可溶性养分，从而提高土壤养分利用率。因此，必须重视对果树有机肥的施用。

5.肥料搭配不合理 芒果生长需要吸收多种营养元素，除了大量元素外，中量、微量元素也很重要。同时，土壤中各种元素所占的比例也影响果树吸收营养。因为各种元素间存在着相助或拮抗作用。如过量施用氮肥就会抑制植物对钾、硼、铜、锌、磷的吸收，磷肥施用过多就会抑制钾、镁的吸收。生产中不少果农只重视施氮、磷、钾肥，忽视中量及微量元素肥料的施用，造成果品质量难提高，大小年现象严重。

因此，采用测土配方施肥，在了解土壤的种类、土壤中营养元素的多少和果树不同发育阶段对不同养分的需求后，在不同时期施入不同的肥料；要根据产量决定施肥量，才能避免缺素症的发生，达到高产优质的目的。

6.盲目施用根外追肥　根外追肥也称为叶面喷肥，是一种高效、快速的施肥方法，常用于微量元素肥料的施用中。合理施用微量元素肥料可以增产提质和增加树体抗逆性。科学合理施用微量元素肥料，不仅可以充分发挥中量、微量元素肥料的经济效益，更重要的是可作为提高果树产量的有效技术措施。果树缺乏任何一种微量元素时，生长发育都会受到抑制，导致减产和品质下降；但施用过多，又会引起作物中毒，影响其产量和质量。为提高其他化肥的使用效益，就必须适地、适作物、适量施用微量元素肥料，即依据土壤微量元素丰缺、作物需求及敏感性，采用合理施肥方法，特别要注意因缺补施，不可盲目滥用。施肥时，一是选择适合的喷肥种类；二是确定合理的施肥浓度；三是确定喷洒的部位。

7.肥水配合适当　在生产中，不少果农比较重视施肥工作，但往往忽视浇水工作，虽然施肥不少，但因土壤干旱而使肥料不能最大限度地发挥肥效，因而不利于提升果品产量和质量。因此，施肥后及时进行浇灌，每当土壤表现干旱时也要及时进行浇灌。缺水地区可以进行树盘秸秆覆盖，既可保持土壤水分，还可增加土壤有机质含量。

二、果园水分管理

（一）我国芒果园水分管理的现状及存在的问题

我国芒果种植区主要分布在海南、广东、广西、云南、四川、贵州、福建等热带、亚热带丘陵或低山地区，大多没有灌溉条件及排水设施，芒果树生长发育所需水分基本都靠自然降水解决。果园土壤缺水严重，尤其在出现春旱或春夏连旱时，对芒果树的生长发育及果品质量影响较大，果树抽梢生长缓慢，树体抗逆性减低；果实生长发育不良，果实变小，产量低，商品率低；树体合成养分能力差，营养流失严重，容易出现大小年现象。而当出现大雨、暴雨及连阴雨时，容易引起裂果或落果现象。

（二）芒果园节水灌溉技术

节水灌溉，就是指以较少的灌溉水量取得较好的生产效益和经济效益。节水灌溉的基本要求，就是要采取最有效的技术措施，使有限的灌溉水量创造最佳的生产效益和经济效益。其主要方式有以下6个方面。

1.渠道防渗 渠道输水是目前中国农田灌溉的主要输水方式。传统土渠输水的渠系水利用系数一般为0.4～0.5，差的仅0.3左右，也就是说，大部分水都渗漏和蒸发损失了。渠道渗漏是农田灌溉用水损失的主要方面。采用渠道防渗技术后，一般可使渠系水利用系数提高到0.6～0.85，渠道防渗一般可分为：①三合土护面防渗；②砌石（卵石、块石、片石）防渗；③混凝土防渗；④塑料薄膜防渗。

2.管道输水 利用管道将水直接送到田间灌溉，以减少水在明渠输送过程中的渗漏和蒸发损失。常用的管材有混凝土管、塑料硬（软）管及金属管等。

3.喷灌 通过管道利用压力将水送到灌溉地段，并通过喷头分散成细小水滴，均匀地喷洒到田间，对作物进行灌溉。喷灌的主要优点有以下6点。①节水效果显著，水的利用率可达80%。一般情况下，喷灌与地面灌溉相比，1米^{3}水可以当2米^{3}水用。②作物增产幅度大，一般可达20%～40%。其原因一是取消了农渠、毛渠、田间灌水沟及畦埂用地，增加了15%～20%的播种面积；二是灌水均匀，土壤不板结，有利于抢季节、保全苗，综合改善了田间小气候和农业生态环境。③大大减少了田间渠系建设及管理维护和平整土地等的工作量。④减少了农民用于灌水的费用和劳动力，增加了农民收入。⑤有利于加快实现农业机械化、产业化、现代化。⑥避免由于过量灌溉造成的土壤次生盐碱化。

常用的喷灌形式有管道式、平移式、中心支轴式、卷盘式和轻小型机组式。

4.微喷　又称雾滴喷灌，是近几年来，国内外在总结喷灌与滴灌的基础上，新近研制和发展起来的一种先进灌溉技术。微喷技术比喷灌更为省水，由于雾滴细小，其适应性比喷灌更大，它利用低压水泵和管道系统输水，在低压水的作用下，通过特别设计的微型雾化喷头，把水喷射到空中，并散成细小雾滴，洒在作物枝叶上或树冠下地面的一种灌水方式，简称微喷。微喷既可增加土壤水分，又可提高空气湿度，起到调节田间小气候的作用。微喷在芒果园中全年均可应用，特别在持续高温干旱条件下可提高果园湿度、降低果园微环境温度，特别是在芒果盛花期适当应用微喷可提高芒果花的授粉受精成功率，此种灌溉方法在干热河谷流域的芒果园应用较为广泛。

5.滴灌　利用塑料管道将水通过直径约10毫米毛管上的孔口或滴头送到作物根部进行局部灌溉。滴灌是目前干旱缺水地区最有效的一种节水灌溉方式，其水的利用率可达95%。滴灌较喷灌具有更高的节水增产效果，同时可以结合施肥，提高肥效1倍以上。适用果树、蔬菜、经济作物以及温室大棚中的灌溉，在干旱缺水的地方也可用于大田作物灌溉。其不足之处是滴头易结垢和堵塞，因此应对水源进行严格的过滤处理。

6.膜上、膜下灌　用地膜覆盖田间的垄沟底部，引入的灌溉水从地膜上面流过，并通过膜上小孔渗入作物根部附近的土壤中进行灌溉，这种方法称作膜上灌。采用膜上灌，水分的深层渗漏和蒸发损失少，节水效果显著，在地膜栽培的基础上不需再增加材料费用，并能起到土壤增温和保墒作用。在干旱地区可将滴灌管放在膜下，或利用毛管通过膜上小孔进行灌溉，这称作膜下灌。这种灌溉方式既具有滴灌的优点，又具有地膜覆盖的优点，节水增产效果更好。

（三）旱地果园覆盖保墒技术

1.覆草　果园覆草是提高土壤蓄水能力、减少土壤水土流失和地面水分蒸发的有效措施。长期覆草，还能改善土壤团粒结构，增加土壤有机质含量，提高土壤肥力。覆草时可以利用麦秸、铡碎的秸秆、当地的杂草等，覆草厚度在15～20厘米，一般在雨季进行，为防止失火可在草上面压土，待草腐烂后翻入土内，再覆新草。

果园覆盖要掌握以下技术要点：一是覆草前一般要先整好树盘，浇1遍透水或等下透雨后再覆草；二是覆草未经过初步腐熟时，要适量追施速效氮肥，或覆草后浇施腐熟人粪尿，防止因鲜草腐熟引起土壤短期脱氮，叶片发黄；三是覆草厚度宜保持在15～20厘米，太薄起不了保湿、灭杂草的作用，太厚则春季土壤温度上升慢，不利吸收根的活动，成龄密植园可全园覆盖，幼树或草源不足时，可行内覆盖，或只覆盖树盘；四是覆草后不要盲目灌大水，黏土覆草，需与起垄排水相结合；五是覆草要距根颈20厘米左右，以防积水；六是覆草最好连年进行，覆草后要斑点压土，以防风刮。

2.覆膜　果园覆膜具有很多好处：①地膜能防止土壤水分大量蒸发，将土壤夏季蓄积的水分保存下来，供果树周年使用，一般来说，覆膜可节水一半以上；②黑膜具有很好的吸热效果，因此覆黑膜可提高地温，促进果树生长；③覆盖黑膜还能遮挡阳光，减少树下杂草，不用锄草；④施肥后覆膜能改良土壤，防止土壤肥力下降，提高肥料利用率；⑤覆盖地膜能有效防止和隔绝芒果黄线尾夜蛾、金龟子、切叶象甲、橘小实蝇等害虫入地越冬，对减少翌年病虫害有明显效果。

覆膜前，应先把树冠下枝叶、杂草、碎石清理干净，土块耙碎耙细，做成平整的里高外低的垄形，覆膜时使膜紧贴地面，然后用细土压实，以防风吹。注意果树树干周围空开一定的距离，并用土压实，防止膜下热气烧伤树干。平时要勤检查，尤其是大风下雨的时候，防止地膜破损，影响覆盖效果。

三、水肥一体化与肥水高效利用

（一）水肥一体化概况

水肥一体化是将灌溉与施肥融为一体的农业新技术。水肥一体化是借助压力系统（或地形自然落差），按土壤养分含量和作物种类的需肥规律和特点，将可溶性固体或液体肥料配兑成的肥液与灌溉水一起，通过可控管道系统供水、供肥，使水肥相融后，通过管道和滴头形成滴灌，均匀、定时、定量地浸润作物根系发育生长区域，使主要根系土壤始终保持疏松和适宜的含水量，同时根据芒果需肥特点、土壤环境和养分含量状况，以及芒果不同生长期需水、需肥规律情况进行不同生育期的需求设计，把水分、养分定时定量，按比例直接提供。

20世纪60年代，以色列水肥一体化技术随微灌（滴灌和微喷灌）技术的开发而出现，并与微灌技术同步应用到生产中。近20年来，水肥一体化技术随着世界各国灌溉技术的发展也得到快速发展。在以色列，几乎所有农作物都采用水肥一体化技术，肥料是经过合理配方的液体肥料，通过施肥系统、自动探测控制水肥系统、网络远程数据采集系统和多级清洗系统等精准农业技术，将节水灌溉、精确及科学施肥、防治害虫“三位一体”同时进行。以滴灌施肥为代表的水肥一体化技术，目前已经在以色列、美国、西班牙、澳大利亚等国家的果园中广泛应用。

（二）水肥一体化优缺点

1.优点

（1）**降低成本**　①节水、省肥。滴灌水肥一体化，直接把作物所需要的肥料随水均匀输送到植株的根部，作物“细酌慢饮”，大幅提高了肥料的利用率，可减少50%的肥料用量，用水量也只有沟灌的30%～40%。②节省时间和劳力。可以在很短时间内完成灌溉和施肥任务，大量节省灌溉及施肥劳力；施肥快速高效且可保证施肥安全，滴灌施肥条件下肥料施用保持在较低浓度，不会导致烧根。③减少杂草，控制成本。由于以滴灌施肥为代表的水肥一体化技术是局部灌溉，因此，大部分地表保持干燥，能有效抑制杂草生长，行间杂草很少，显著减少除草剂用量和除草人工耗用。④降低能耗。灌溉比地面畦灌可减用水量50%～70%，因而可降低抽水的能耗；一般能耗可下降30%左右。

(2) *适于标准化果园生产与管理* 应用水肥一体化技术，肥料只施在根系生长的区域，并且溶解在水中，易于作物吸收，且可以做到根据植物不同生长发育阶段的养分需求适时、准确而均匀地施肥，为果树生长对水肥的频繁需要提供保证。在滴灌施肥条件下肥水直达植物根部，在根际形成了最大根系活力湿润区，因而大大提高了肥料的利用率，最大限度地满足了作物营养需要和生殖生长，提高土地利用率，提升生产效能，提高产量和品质。水肥一体化技术方便集约化栽培果园的水肥管理，使果树长势均匀，收获期集中，利于实现标准化栽培。

(3) *水肥均衡* 传统的浇水和追肥方式，作物饿几天再撑几天，不能均匀地“吃喝”。而采用滴灌，可以根据作物需水需肥规律随时供给，保证作物“吃得舒服，喝得痛快”。

(4) *克服连作障碍，促进产业可持续发展* 应用水肥一体化技术，可结合果园立地土壤条件和植株生长状况有针对性地提供养分，做到适时、适量施肥，并可将Ca、Mg及微量元素随时添加到每次的灌溉施肥配方中，解决芒果主产区普遍的缺素问题，为芒果生长和果实发育提供充分的营养条件，提高芒果的增产潜力和果实品质。此外，应用滴灌施肥技术，灌溉时水分向土壤入渗，只湿润根区土壤，植株叶片表面保持干燥，树冠下相对湿度低，减少水分过多造成的地表径流，减缓病源的传播速度。

(5) *保护环境* 由于滴灌施肥是将水肥主要集中在根系周围，减少了水向深层渗透及化肥投入，避免了移动性强的营养元素如氮素的淋洗和流失，因此减轻了对地下水的污染。在合理应用水肥一体化技术的基础上，可将肥料利用率提高到70%～80%，大大减少了化肥对地表水和地下水的污染，对防止水体富营养化具有重要作用。

(6) *提高农作物产量* 灌溉可以给作物提供更佳的生存和生长环境，使作物产量大幅度提高，增产幅度可达30%～80%。

2.缺点

(1) *易引起堵塞* 灌水器的堵塞是当前灌溉应用中最主要的问题，严重时会使整个系统无法正常工作，甚至报废。因此，灌溉时对水质要求较严，一般均应经过过滤，必要时还需经过沉淀和化学处理。如悬浮物（沙和淤泥）、溶解盐（主要是碳酸盐和磷酸盐类）、铁锈、其他氧化物和有机物在适宜的pH条件下易在管内产生沉淀，使系统堵塞。滴头堵塞主要影响灌水的均匀性，堵塞严重时可使整个系统报废。选择合适的过滤设备是防止堵塞的关键。因此需有针对性地进行必要的操作人员培训，不当操作会妨碍工程效益的发挥。

(2) *一次性投资较大* 水肥一体化系统平均每公顷需投资7 500～10 000元，投资与作物种植密度和自动化程度有关，作物种植密度越大，投资越高。产品质量是价格的主要决定因素，自动化控制增加了投资，但可降低运行管理费用，选用时要根据实际情况而定。

(3) *用于灌溉的肥料对溶解度有较高要求* 磷肥在土壤中移动性差，在芒果生产上一般不建议通过灌溉系统施用磷肥。

(4) *可能限制根系的发展* 由于灌溉只湿润部分土壤，加之作物的根系有向水性，这样就会引起作物根系向湿润区集中生长。

（三）水肥一体化系统组成

1.水源工程 河流、湖泊、水库、沟渠、山塘、井等水源，只要符合灌溉水质标准均可作为灌溉水源。水肥一体化水源工程包括机井提水工程、山塘泵站工程和水库取水工程。

2.首部控制 首部水肥一体化控制系统由过滤系统、施肥系

图6-1 水肥一体化首部控制系统

统、压力与流量监测保护系统及自动化控制系统组成（图6-1）。①过滤系统。根据不同水源选择不同类型的过滤器，采用二级过滤程序。第一级为沙石分离过滤器或沙石介质过滤器；第二级为叠片式过滤器。通过二级过滤，基本可以防止杂质被水源带到管道内。②施肥系统。滴灌必须结合施肥，加建肥池（或用塑料桶代替），做到水肥一体化，施肥均匀、精准快速，才能发挥最大效益。施肥方法包括山地自重力施肥法、泵前吸肥法、泵注肥法。山地可以在水池旁边建一个小池，但必须高于原蓄水池，这样肥料可以不加压自行流入滴灌管道系统。平地采用泵加压系统，在泵前加一个三通吸肥口，口径在5厘米左右为宜，吸肥速度通过X50球阀控制。原有用自来水作水源的，可用泵注肥法，在入水管道加低流量、高扬程的水泵，直接注肥进入管道系统。这种施肥系统结合了我国国情，造价低，且施肥效果与国外同类技术相当，简单实用，适合在华南地区果树生产上使用。③压力与流量监测保护系统。所采用的压力与流量监测保护系统在一定压力范围内能正常工作，当超过压力范围时，该系统保证设备自动进行反冲洗及自我保护。压力与流量监测系统包括压力表和流量表，可以帮助使用者给灌溉系统“把脉”，以解决凭肉眼无法准确判断的滴灌系统问题；用压力表检测滴灌管首部、中部和滴灌毛管尾部的压力情况，可以判断滴灌系统的问题。流量计可以帮助使用者快速判断水源的流量，另外，流量数据有助于计算实际流量和灌溉系统的历史流量情况。此外，在滴灌管首部需安装止回阀和空气阀，止回阀保证肥水不回流污染水源，空气阀减少水泵启动和停机时产生的水锤破坏作用。在管道尾部应加装排污球阀，定期打开冲洗管道，减少滴头堵塞。④自动化控制系统。利用田间土壤张力计测定持水量，然后通过自动控制系统控制灌溉。

3.田间管网及灌水器　水肥一体化田间管网由田间灌水控制系统和田间管道输配水系统组成。其中田间灌水控制系统包括各级管道、各种口径的管道压力控制阀门、排污设备和管道排水装置；田间管道输配水系统由田间输水主管、支管和田间配水毛管组成。平地采用非压力补偿的滴灌管，山地采用压力补偿的滴灌管。在制定灌溉施肥计划时，应尽量加大灌溉施肥频率，减少单次灌溉施肥量和灌溉施肥时间。

（四）水肥一体化主要模式

1.地面灌溉施肥　地面灌溉施肥是目前应用最为广泛的水肥一体化技术，近年来越来越多应用于生产中。平整土地是提高地面灌溉技术和质量、缩短时间、提高效率的1项重要措施，结合土地平整进行田间工程改造，设计科学合理的畔沟尺寸和流量，可较大程度地提高灌水均匀度和效率。

我国目前有98%以上的灌溉面积采用传统的地面灌溉技术，但容易造成肥水的浪费和环境污染。改传统的全面灌溉为局部灌溉，不仅能减小果园间土壤蒸发占农田总蒸发量的比率，提高水肥利用效率，而且可以较好地改善作物根域土壤的通透性，促进根系深扎，有利于利用深层土壤肥水储备，具有节水节肥和降低环境污染的作用。

2.喷灌施肥　喷灌是利用机械和动力设备把水加压，将有压水送到灌溉地段，通过喷头喷射到空中散成细小的水滴，均匀地洒落在地面的1种灌溉方式。喷灌对土地的平整性要求不高，可以应用在山地果园等地形复杂的土地上（图6-2）。

采用喷灌施肥的优点：①一般可节约用水20%以上，针对渗透快、保水差的沙土，可节水60%～70%；②有利于保持原有土壤的疏松状态；③调节果园小气候，提高果品产量和质量。但喷灌施肥可能会增加某种果树感染病害的机会；一般当风速达到3.5米/秒以上时，喷灌很不均匀，水量损失大。

图6-2　喷灌施肥

3.滴灌施肥　滴灌是将具有一定压力的水，过滤后经管网和出水管道或滴头以水滴的形式缓慢而均匀地湿润地面的一种灌溉形式。据调查分析，在高产田和经济作物上肥料利用率仅为15%～20%，明显低于农田；过多的水分容易导致病虫害蔓延，土壤还原性增强，有害微生物大量繁殖；过多的肥料会导致30%的地下水硝酸盐含量明显超出饮用水标准，土壤酸化加重，引起土体次生盐渍化。而采用滴灌施肥，则可有效规避以上问题。

在盐碱地，滴灌可有效地稀释根域盐液，防止根域土壤的盐碱化，提高作物的抗逆性；在高温干旱的地区，采用地面覆膜滴灌形式，能有效减少地面蒸发和肥料的流失，防止土壤沙化。因此，滴灌能为果树提供较适宜的土壤水分、养分和通气条件，促进果树生长发育，从而提高果品产量。滴灌的主要缺点是使用管材较多，成本较高，对过滤设备要求严格；不适宜冻结期间使用。

4.简易肥水一体化　就是利用果园喷药的机械装置，包括配药罐、药泵、三轮车、管子等，稍加改造，将原喷枪换成追肥枪即可。追肥时将要施入的肥料溶解于水，用药泵加压后用追肥枪追入果树根系集中分布层（图6-3）。

相比于传统灌溉施肥，简易肥水一体化具有以下特点：①投资少，在原有打药设备的基础上，只需花几十元购买1把追肥枪即可，适合我国一家一户2～3亩地的生产情况；②适应性广，由于每次追肥仅用少量的水，这就使许多干旱地区应用水肥一体化成

图6-3　简易肥水一体化（追肥枪施肥）

为可能；③设备维护简单，追肥完毕后，可以将相关设备收入库房，避免设备长时间暴露空气中，发生老化，发生堵塞现象也可以及时发现并处理；④对肥料的要求较低，可以选用溶解性较好的普通复合肥，不需要用昂贵的专用水溶肥。

第七章　花果管理及产期调节技术

一、疏花疏果和保花保果技术

（一）芒果疏花疏果技术

对开花率达末级梢数80%以上的树，保留70%末级梢着生花序，其余花序从基部摘除（图7-1）。谢花后至果实发育期，剪除不坐果的花枝以及妨碍果实生长的枝叶；剪除幼果期抽出的春、夏梢；幼果迅速膨大期，应剪除过迟的花序和空怀花枝，以便集中养分供应小果的生长发育。第二次生理落果结束后，即可进行疏果。每个花序保留2 ～ 4个果，把畸形果、病虫果、过密果疏除。疏果时应将被疏的小果连果柄一起剪掉。疏果的目的就是为了保果，芒果开花量大，如果花期天气适合，往往1个花穗结很多小果，虽然生理落果时大部分小果会自然落掉，但有些果穗仍然坐有若干小果，互相争夺养分，使营养分散，影响果实的发育及后期商品价值。疏去这些多余的小果后，使养分集中在着生位置好、生长健壮的正常果实，以使这些果实获得更好的营养条件，生长迅速。

图7-1　花量过大，短截疏花以减少营养消耗，提高坐果率

（二）芒果保花保果技术

植株开花坐果后，想要减少落果、提高结实率，并实现丰产、优质，就必须做好以下工作环节。

1.按期施肥　按期追施花前肥和壮果肥，同时定期喷施叶面肥和适量生长调节剂，以提高结实率和成果率，提升果实品质。

2.防治病虫害　芒果树从开花到采果是全年病虫害发生最多的时期，要随时观察病虫害发生和危害的情况，定期喷药防治，方能减少落果和获得商品率高的果实（图7-2）。

图7-2　不清理残花和空果枝易出现沤花、虫果及机械擦伤

3.疏果　每个花序保留2 ~ 4个果，把畸形果、病虫果、过密果疏除。适量疏果有利于生产果大、均匀、质优的商品果，也有利于保持树体正常生长和结果的养分平衡，克服大小年现象。

4.撑果与吊果　芒果为顶枝结果，结果后果枝往往弯曲下垂，密集在一起，容易互相碰撞。尤其是幼龄树，果实长大后果枝常易落地，不仅容易擦伤果皮，还易感染病虫害。因此，在果实长

图7-3 撑果护果

大后应用木棍或竹竿撑起果枝，或在主干旁立一与树齐高的木桩，用绳子分层拉起果枝，避免果实碰撞受伤，保证果实着色良好（图7-3）。

5.套袋护果 套袋能减少病虫对果实的危害，减少机械碰伤，提高优果率。套袋还可以减少喷药次数，节省农药开支，减轻农药残留对果实的污染（图7-4）。

图7-4 套袋护果

二、芒果产期调节

（一）芒果产期调节技术

我国芒果一般在1—4月开花，6—9月果实成熟，此时恰逢其他种类水果的盛产期，不同水果之间会形成一种市场竞争关系。但在其他水果淡季时芒果上市，芒果价格则会上涨。因此，如能调节芒果产期，增加其淡季生产量，减少盛产期（6—9月）供应量，可使芒果价格更具优势。同时，适当的产期调节可减少贮藏成本，给消费者提供高品质的新鲜芒果。目前，国内进行芒果产期调节的技术主要有以下3种。

1.利用品种成熟期差异　芒果从盛花到果实成熟需90 ~ 150天，依不同品种而异。一般情况下，早熟品种花芽分化需冷量低（180 ~ 240小时），果实发育期有效积温低（1 300 ~ 1 400℃）；中熟品种需冷量中等（240 ~ 360小时），果实发育期有效积温中等（2 000 ~ 2 100℃）；晚熟品种需冷量高（360 ~ 540小时），果实发育期有效积温高（2 500 ~ 2 700℃）。目前我国芒果主栽品种中，主要的早熟品种有椰香、贵妃、台农1号、金煌、爱文、红象牙等，中熟品种主要有帕拉英达、圣心、吉禄等；晚熟品种主要有凯特、桂热芒82号、桂热芒10号、锐华1号等。根据各地生态条件以及不同芒果品种成熟期的差异，充分利用早、中、晚熟品种进行合理搭配，是延长芒果市场供应期的有效途径之一。

2.利用产地成熟期差异　我国华南芒果种植区，按纬度的不同，各地区有效积温条件各不相同。但相同品种果实发育周期所需的总热量是常数，要达到果实发育成熟所需的有效积温，日均温越低的地区芒果成熟所需的天数越多。日均温最高的芒果产区是海南产区，然后依次是广东、广西、云南和四川等。因此，根据不同品种果实发育有效积温需求量等特性指标，结合各地生态条件特征和市场定位，将品种有效积温需求量和产区果实发育期有效积温量进行错位匹配，可把有效积温需求量低的贵妃、台农1号等品种（有效积温需求量1 300 ~ 1 400℃）在可达高积温的海南、云南南部产区（果实发育期有效积温量：3 600 ~ 4 800℃）种植；把桂热芒71号、金煌、桂热芒82号、红玉、桂热芒10号、帕拉英达等中积温需求量品种（2 000 ~ 2 100℃）于可达中积温的广西、广东和云南中西部产区（3 000 ~ 3 400℃）种植，把热农1号、红芒6号、桂热芒3号、凯特积温需求量高的品种（2 500 ~ 2 700℃）在日积温相对低的四川攀枝花、福建、贵州产区（2 800 ~ 3 600℃）种植，形成了品种的合理布局和全国早、中、晚优势产区。全国各芒果产区的成熟期为：海南省西南部为12月至翌年5月；广东雷州半岛，广西右江河谷地区，云南省元江、怒江及澜沧江河谷和元谋、西双版纳等产区为6—8月；川滇金沙江干热河谷地区为8—11月。

3.应用产期调节栽培技术

（1）延后产期的栽培技术

①通过农业技术措施推迟芒果花期。一般条件下，芒果生产中培育秋梢作为结果母枝，花期一般集中在2—4月，而这个时期往往遇到较长时间的低温阴雨天气，给芒果开花坐果带来不良影响，致使产量不稳定。针对这个问题，首先可以通过肥水调节技术措施，促进抽生二次秋梢或早冬梢，再应用生长调节剂促进二次秋梢或早冬梢花芽分化，促成二次秋梢或早冬梢的开花坐果，将花期往后推移1个月，成熟期推迟15天左右。应用该技术，广东、广西、云南部分产区芒果的冬梢一般在4—5月开花，受不良天气影响概率小，有利于结果。具体做法为：在秋冬季加强果园的水肥管理，在放好采后肥的基础上，在第一次秋梢老熟时增施1～2次速效肥，天旱时配合灌水，促进二次秋梢或早冬梢抽生和抑制花芽分化，一般在末次梢叶片转色开始，连续喷施浓度为500毫克/升的多效唑，5～7天喷1次，直至叶片老熟，对部分抽生的花序从基部摘除，然后用0.3%～0.5%磷、钾肥进行叶面追肥，用3 000倍丰产素、1%硝酸钾溶液催花，诱导抽生二次花，达到推迟花期的效果。

花期推后的另一种方法是“三次摘花技术”。在川滇金沙江干热河谷地区，芒果早花现象比较严重，1—2月均有早花的现象，但该区域此期短时低温天气时有发生，影响授粉坐果，如果遇到较长时间低温，会严重影响芒果产量。针对这一问题，结合天气状况，可以通过2～3次摘花的办法抑制早花，培育下一次开花，如在1月中下旬、2月上旬和2月中下旬分批摘除花序，其中1月摘花时可连顶端密节芽一起剪除，可推迟花期30～40天，2月上旬摘花时自花序基部摘除整个花序，2月中下旬摘花时留花序基部1～2厘米（或保留2～3个分枝），将花序顶部摘除，这样花期可以推迟至3月上中旬、4月中下旬，避免了因花期过于集中，一旦碰上不利天气造成严重减产甚至绝收的危险。

②用化学调控措施推迟芒果花期。目前，用于诱导反季节开花的植物生长调节剂主要为促进细胞生长的赤霉素和抑制生长的多效唑、烯效唑等。赤霉素能抑制芒果花芽分化，延迟开花期，而多效唑、烯效唑能阻碍顶端分生组织内源赤霉素的生物合成，抑制芒果的营养生长，增加叶绿素含量，提高光合效率，促进生殖生长。用化学调控措施推迟芒果花期主要是采用“先控后促”的方法。于当年12月上旬至翌年1月中旬，即芒果花芽分化期前对植株用50 ～ 100毫克/升的赤霉素溶液进行叶面喷施，每14天喷1次，连续喷2 ～ 3次，以抑制正造花的花芽分化；或剪去春季抽生的花穗，并进行修剪和施肥促梢。于4—5月新梢转色期进行土施和树冠喷施多效唑。土施多效唑方法：在树冠滴水线挖深10厘米的半环沟，将药液均匀淋于沟内，保持土壤湿润1个月，施用量以每米树冠施0.75克左右为宜（图7-5）。叶面喷施多效唑以药

图7-5　土施多效唑控梢（左图：滴水线冲施多效唑；右上图：施药不均匀，出花不整齐；右下图：药量过重，枝梢紧凑，出花难）

液开始下滴为适度，喷施浓度为500 ~ 1 000毫克/升。6月上旬和6月中旬分别喷1次2%的硝酸钾溶液催花，可将开花期推迟至6月底后，收果期在10—12月，产量和品质与正常季节收果相比差别不明显。但是，如果对含糖量不高的品种用这种方法推迟采果期，则果实的品质较差。

（2）*提早产期的栽培技术* 20世纪90年代，海南和广东应用多效唑对芒果树土施或土施与叶面喷施相结合的方法，诱导芒果反季节开花结果（或提早开花结果），取得较好的经济效益。海南三亚、广东雷州半岛等地区芒果正常收获上市时间为5—6月，通过反季节生产技术，芒果可提早于1—4月上市，极早熟的可提前到当年12月，于春节前后上市，增补我国芒果市场的空白期，具有明显的季节优势和价格优势。一般来说，反季节芒果园平均亩产约750千克，高产者可达约1 250千克。提早产期的栽培技术应在具备适宜气候条件的地区应用，较适合于冬季相对温暖和干旱的地区，如我国海南南部的三亚市，于7月上旬，对芒果树进行根施多效唑，施用量以每米树冠施0.3 ~ 0.5克为宜，结合叶面喷施浓度为500 ~ 1 000毫克/升的多效唑与200 ~ 250毫克/升的乙烯利溶液进行控梢促花。10月底至11月初，末级梢老熟，天气持续干旱，并出现2 ~ 3天夜晚温度低于19℃时，进行喷药催花。用于催花的药物有1% ~ 2%硝酸钾溶液、丰产素5 000倍液、200 ~ 250毫克/升的乙烯利溶液，适宜叶面喷施。

（二）产期调节技术中存在的问题

目前，我国在芒果产期调节生产中，虽然取得了很大的进展和效果，但是，要使芒果产期调节技术在产业中发挥更大作用、取得更大效果，还存在很多问题，需要进一步研究解决。主要问题有如下4个方面。

（1）利用品种成熟期差异进行芒果产期调节生产过程中，特早熟品种和特晚熟品种缺乏。

（2）在海南和粤西地区进行提早产期的栽培过程中，芒果开花结果期调节在低温干旱的冬春季。首先，冬春季的不良气候对结果产量影响较大。据调查，影响芒果产量较大的不良气候因素主要有低温阴雨和长期连续高温：①及时的低温虽然能促进芒果花芽分化，但在开花后出现的低温阴雨天气会造成落花、授粉不良、花穗变黑、坐果率低；②芒果树需要一定的低温作用才有利于花芽分化，若花芽分化期遇长期连续高温，会影响芒果花芽分化，造成成花率低。

其次，部分施用多效唑催花的果园，由于催花配套栽培技术应用少、长期过量用药等原因，造成植株生理代谢失调，出现花穗较长、两性花形成比例不合理等不良现象，植株坐果率很低，生理落果较多。

最后，部分果园施肥少，土壤养分缺乏，芒果树营养不良，影响产量。特别是催花前芒果树营养生长期缩短，营养积累较少，缺肥影响结果产量。山区许多农民种植的芒果缺肥严重，造成许多果园开花、结果少。反季节芒果的开花结果期处于干旱的冬春季，缺水也严重影响芒果产量的提高。

(3) 缺乏适应我国亚热带气候产区进行延后产期栽培的优良品种。目前，晚熟品种还是以凯特为主，品种单一，同一生产区域单一品种面积过大，造成品种结构不合理，会造成同质竞争和生产过剩现象。

(4) 应用现有品种在我国亚热带气候产区进行延后产期栽培，催花效果容易受自然天气影响，如在夏季催花时遇到连续雨天会影响芒果花芽分化，导致芒果成花率低或花序抽生时间推迟，造成产量低或果实生长发育时间不足，在冬季低温到来时果实还未成熟。

(三) 我国芒果产期调节技术发展方向和对策

芒果产期调节技术是芒果生产技术的重要组成部分，在未来我国芒果产业布局和发展中必将起到更加重要的作用。因此，芒果产期调节技术应该向安全生产、标准化管理和产业应用方向发展。为应对目前我国芒果产期调节技术中存在的问题，应该做好相关对策：①加快培育适应我国栽培的早熟品种和晚熟品种，完善早、中、晚熟品种配套，实现利用品种搭配达到延长产期的目的；②加强海南和粤西地区芒果提早产期的安全生产技术的研究开发，制定相关技术规范，实行标准化生产管理；③加快培育适应我国亚热带气候产区进行延后产期栽培的优良品种，以及研究完善产期延后栽培品种的催花技术，为进一步扩大我国芒果产期调节生产规模提供品种和技术支撑；④继续抓好优良品种的区域试验，筛选适应不同海拔高度、不同气候条件的优良品种，达到利用不同产地成熟期的差异实现延长芒果产期的目的。

三、芒果套袋栽培及配套技术

（一）芒果套袋的意义

我国芒果产区气候属亚热带季风气候，雨热资源丰富，雨热同季，容易滋生病虫害，给芒果生产带来很大的危害，每年因病虫危害所造成的损失占芒果总产量的30%以上，严重时甚至造成失收。用药物防治虽可保住部分产量，但随着用药量和次数的增多，芒果中农药的残留量也增加了。目前，解决这个矛盾的最好办法就是进行芒果套袋栽培。通过套袋避免果实被病虫危害、被雨水污染以及发生日灼伤害。近几年，这项技术逐步在芒果上应用，并取得了较好的效果。

（二）芒果套袋的作用

果实套袋对芒果而言，主要是为了防止日灼，以及防止炭疽病、细菌性角斑病、芒果叶瘿蚊、橘小实蝇等病虫害危害，避免小齿螟危害导致落果，减少果实与其他物质相互摩擦损伤果面，增加果皮腊质，提高果面的光洁度及光泽；减少喷药次数，避免农药与果实接触，降低农药残留量，符合安全生产要求；另外，套袋能增加单果重，对提高果实的商品率和商品价值具有良好的作用。

（三）芒果袋介绍

芒果套袋一般用纸袋，按其结构不同分为单层纸袋和双层纸袋。单层纸袋主要有白色、黄色、外黄内黑复合纸袋和外黄内红复合纸袋4种；双层纸袋有外黄内黑双层纸袋和外黄内红双层纸袋2种。目前，生产上使用的芒果袋的种类和规格有：外黄内黑双层袋，规格为22厘米×18厘米、26厘米×18厘米、27厘米×18厘米、32厘米×18厘米、36厘米×22厘米；外黄内红双层袋，规格为26厘米×18厘米；黄色或白色单层袋，规格为22厘米×18厘米、26厘米×18厘米。

（四）芒果套袋操作技术

1.套袋前的管理技术　于芒果坐果35～50天喷施氨基酸钙等钙素叶面肥1～2次。套袋前剪除病虫果、畸形果、过密果和影响果实光照及易于造成果实擦伤的枝叶，套果当天对要套袋的果实再喷1次杀菌剂和杀虫剂混合药液，对金煌、凯特等价值较高的大果型品种，也可进行单果浸药，待果面药液干后套袋，并在当天套完。对将要使用的纸袋应在套袋之前放在较潮湿处1～2天，使纸袋返潮变得柔韧，或将纸袋有金属丝一端在水中（水深5～10厘米）浸泡数秒，使上端湿润便于使用。

2.套袋时间　在第二次生理落果结束后，选择在无雨天，最好在上午露水干后进行套袋。

3.纸袋选择　芒果袋的质量在很大程度上决定套袋芒果的果实品质。不同种类的纸袋，袋内微环境（温度、湿度）有很大差异，从而对果实大小、果面色泽、果实含糖量等产生重要影响。例如，双层纸袋内袋为蜡纸的（低温潮湿型），袋内环境温度较低，湿度较大，套袋果表现为果大、果皮薄而软、具光泽、果汁多，但含糖量较低；以非蜡纸作内袋的，袋内环境温度较高且干燥，套袋果表现为果实较小、果皮厚而硬、光泽较差、果汁少，但含糖量较高。当前生产中纸袋种类繁多，芒果品种资源丰富，各个栽培区气候差异较大，栽培技术水平各异，因此，纸袋种类选择直接影响套袋效果和套袋后经济效益。纸袋套袋前应根据芒果品种的特性、立地条件和生产要求等，遵循安全、经济的原则，灵活选用适宜的纸袋。对于一个新袋种的出现应先做局部试验，确定没有问题后再在生产中大面积推广应用。

4.套袋方法　套袋时，先撑开袋口及袋体，使两底角的通气口张开，手执袋口下2～3厘米处套入果实，使果柄深入袋口5厘米左右，幼果悬在袋内中央，注意不要将叶片放进果袋内，然后从袋口的中央向两侧分别折叠紧，合拢袋口并将金属丝反转90°角后在袋口下约1厘米处旋转1周扎紧袋口。树冠中果实的套袋顺序应先上后下、先内后外。

5.套袋期间的田间管理技术　套袋期间，定期拆袋，检查入袋害虫危害果实情况，喷1～2次药防治介壳虫、蓟马、白蛾蜡蝉、蚂蚁等害虫。

6.除袋时间　以上午9—11时和下午4—6时除袋为宜，或选择阴天除袋，防止高温和强光灼伤果皮。

7.除袋方法　红皮品种先除袋一段时间后再采收，套单层袋的果实，可在采前7～10天除袋；套双层袋的果实在采前10～15天除外袋，3～5天后再除内袋。黄皮或绿皮的品种一般不提前除袋。除袋前，摘除果实周围遮光叶片，促进果实着色。除袋时要注意手不能接触果实，除袋后及时将果袋清出果园集中销毁，并及时清理平整树盘后，在树下铺设一层银色反光膜，增加果实着色。

8.套袋模式下喷药技术的改进　①喷雾重点由果实转为枝干；②重视套袋前喷药的品种和质量；③由注重果实病虫害防治转为注重枝干病虫害和叶片病虫害的防治；④注重花前病虫害防治及用药品种。

（五）芒果套袋栽培发展趋势

我国从20世纪80年代末至90年代开始进行芒果套袋栽培，最早使用的纸袋是人工糊制的报纸袋，不具有杀虫、防菌效果，至21世纪初改用专用商品纸袋。随着果袋使用技术的普及，虽然出现了入袋害虫危害现象，但不算严重；也由于套袋后影响果实对钙的吸收而引起生理性病害；另外，由于袋内透气性差，雨水多、湿度过大时会引发果实水锈病；套袋还会导致果实含糖量有所降低。但由于套袋能极大地改善果实外观品质，而目前其他技术措施很难拥有该项功能。目前，我国芒果生产面积达到500多万亩，产量达到300多万吨，但套袋栽培面积占的比率还比较小，我国劳动力资源丰富，随着国内外对芒果质量要求的不断提高，芒果套袋栽培已成为生产高档芒果、满足市场需求的重要技术措施。尽管芒果套袋栽培增加了人力、物力和财力成本，但就目前状况而言，如果我国芒果不采用套袋栽培技术，生产外观质量好的优质果比例就不高，我们生产的芒果就很难适应国内外消费者对果品质量越来越高的要求。因此，从长远来看，为生产高档果品，必须进行套袋栽培。我国芒果套袋栽培技术还存在不少问题：套袋机理的研究较少，尤其是与国际接轨的低成本省力化套袋技术研究仍未开展；芒果套袋栽培技术在我国起步较晚，缺少必要的技术基础，在生产中会出现许多意想不到的问题。这些问题均需要在生产实践中解决，才能推进芒果套袋栽培的发展。

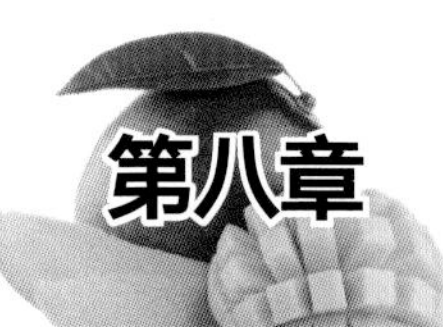

第八章 病虫害综合防治及果园防灾减灾

一、芒果主要病害及其防治

（一）芒果炭疽病

芒果炭疽病是芒果生长期及果实采后的主要病害之一，在世界芒果种植区普遍发生。在芒果生长期，可造成10%以上的损失；在储运期，病果率一般为30%～50%，严重的可达100%。

1.症状 本病主要危害芒果树的嫩叶、嫩枝、花序和果实。嫩叶染病后最初产生黑褐色的圆形、多角形或不规则形小斑，小斑扩大或者多个小斑融合可形成大的枯死斑，枯死斑常开裂、穿孔；重病叶常皱缩、扭曲、畸形，最后干枯脱落（图8-1）。嫩枝病斑黑褐色，绕枝条扩展一周时，病部以上的枝条枯死。花序受害后整个变黑凋萎。幼果极易感病，果上生小黑斑，覆盖全果后，果实皱缩掉落；形成果核的幼果受侵染后，病斑为针头大小黑点，

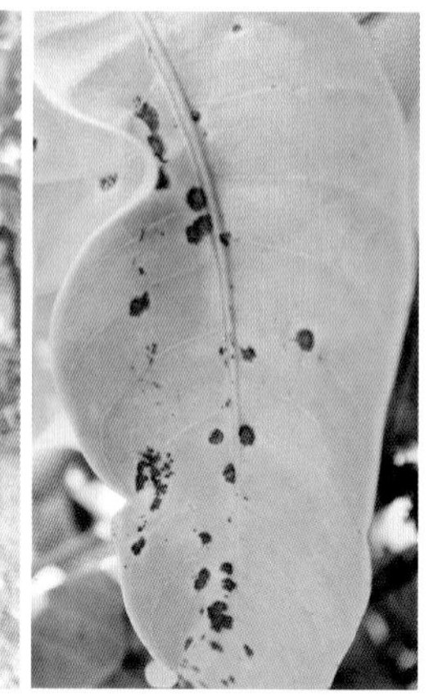

图8-1 芒果炭疽病受害叶片症状

不扩展，直至果实成熟后迅速扩展，湿度大时生粉红色孢子团。近成熟果实受害后，生黑色形状不一的病斑，病斑中央略下陷，果面有时龟裂，病部果肉变硬，最终全果腐烂，病斑密生时常愈合成大斑块（图8-2）。本病有明显潜伏侵染现象，田间似无病的果实，常在后熟期和储运期表现症状（图8-3）。

图8-2 芒果炭疽病受害果实症状

图8-3　采后果实受芒果炭疽病危害的症状

2.病原及发病规律　芒果炭疽病主要由半知菌类炭疽菌属两个复合种（*Colletotrichum gloeosporioides* species complexes和*C. acutatum* species complexes）引起。两者的生物学特性与流行规律相似，而对种植区的危害以前者为主（图8-4，图8-5）。除此之外，国内炭

图8-4　由*Colletotrichum gloeosporioides*引起的芒果炭疽病症状

A.花穗感病　B.花梗感病　C.谢花后的幼果感病症状　D.幼果感病初期症状

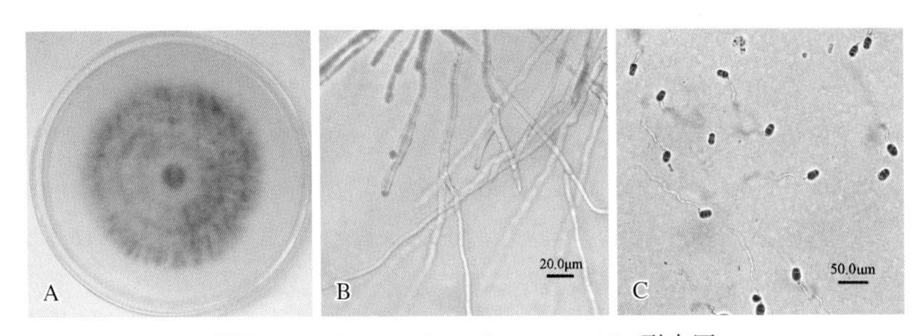

图8-5　*Colletotrichum gloeosporioides*形态图

A.菌落生长产生孢子　B.菌落边缘菌丝　C.萌发的孢子

疽病病原菌还有*C. fructicola*、*C. tropicale*、*C. siamense*、*C. dianesei*、*C. endomangiferae*、*C. theobromicola*、*C. asianum*、*C. simmondsii*和*C. fioriniae*等。

病菌主要在芒果的病叶、病枝及落地的植株病残体上越冬。已穿孔的冬季老叶病斑上，存活的病菌最低，几乎分离不到病菌。湿度高时病菌可产生大量分生孢子，通过雨水、风传播，从寄主的伤口、皮孔、气孔侵入，在嫩叶上可以穿过角质层直接侵入。该病菌再侵染能力强，病菌在寄主残体上可存活2年以上。

本病的发生要求是20 ～ 30℃的温度和高湿条件。在我国华南和西南芒果产区，每年春季芒果嫩梢期、花期及幼果期，如遇连续阴雨或大雾等湿度高的天气，该病发生较为严重。湿度是炭疽病发生和流行的关键因子，据报道，温度在16℃以上，每周降雨3天以上，相对湿度高于88%时，病害可以在2周内大流行。芒果叶瘿蚊对叶片造成的伤口也容易诱发炭疽病。

芒果品种间的抗病性存在一定的差异，但目前为止尚未发现免疫品种。在我国栽培的大多数芒果品种均较易感染炭疽病，幼嫩组织易感病，采后果实软熟后迅速发病腐烂。

3.防治措施

①选用抗病优良品种。相对而言，金煌、热农1号、spooner、LN1为高抗品种（系）；台农1号、粤西1号、台牙、贵妃、

Mallika、桂香、马切苏、海顿、仿红、小菲、LN4.陵水大芒、红芒6号（Zill）等为中抗品种（系）；爱文芒、乳芒、海豹等为高感品种（系）；黄象牙为避病种，尚未发现免疫品种（系）。

②做好预测预报工作。病害流行主要取决于气候条件，与温度、湿度、降雨天数、降雨量等因子相关，温暖高湿、连续降雨，病害则迅速发展流行。据此，选定紧密相关的湿度和温度为预测因子，建立施药预测指标：在芒果抽花、结果和嫩叶期间，若平均温度在14℃以上，且气象预报未来有连续3天以上的降雨，则应在雨前喷药。

在高温高湿的芒果种植区，每逢嫩梢期、花期、幼果期，则应在发病前喷施保护性杀菌剂，如波尔多液、百菌清等。

③果园管理。做好果园清洁及树体管理，及时清除果园内的病残体，果实采后至开花前，结合修枝整形，彻底剪除带病虫枝叶、僵果，并集中销毁，以降低果园菌源数量；剪除多余枝条，使果园通风透气。果园修剪应做到速战速决，使树体物候尽量保持一致，以便于集中施药，节约管理成本。

④药剂防治。重点做好梢期、花期及挂果期的病害防治工作。加强田间巡查，掌握好花蕾期、嫩芽期及花期、嫩梢期发病情况，以便及时进行药剂防治。在花蕾期、花期及嫩芽期、嫩梢期，干旱季节每10 ~ 15天喷药1次，潮湿天气每7 ~ 10天喷药1次，连喷2 ~ 3次，必要时可增加喷施次数。可选择25%施保克乳油750 ~ 1 000倍液、70%甲基硫菌灵可湿性粉剂700 ~ 1 000倍液、1%石灰等量式波尔多液或25%的阿米西达悬浮液600 ~ 1 000倍液等交替喷施，以防病菌产生抗药性。

⑤及时进行果实采后处理。果实的采后处理视需要而定。在干热芒果种植区（金沙江干热河谷地区），经套袋的果实若表面光洁，无病虫斑，则果实采摘后可不经药剂处理直接进入冷库及冷链物流或直接销售。而在高温高湿的芒果种植区，由于果实潜伏病菌较多，在果实采摘后的24小时内必须进行处理，剔除有病虫害及机械损伤的果实后，首先用清水或漂白粉水清洗果实表皮，再用含25%施保克乳油750 ~ 1 000倍液的热水处理，即在

52～55℃浸泡10分钟左右，浸泡时间应根据果实品种和成熟度而异。果实晾干后在常温下贮藏，有条件的可置于13～15℃的冷库，以延长贮藏期。果实采后也可用植物源植物保护剂进行处理，该方法更环保更安全。

（二）芒果白粉病

白粉病是芒果生产上的重要病害之一，在我国西南、华南芒果种植区普遍发生，每年因该病引起的产量损失占5%～20%。

1.症状 芒果的花序、嫩叶、嫩梢和幼果均可感病，发病初期在寄主的幼嫩组织表面出现白粉状病斑，继续扩大或相互融合后形成大的斑块，表面布满白色粉状物（病菌的分生孢子）（图8-6）。受害嫩叶常扭曲畸形，病组织转为棕黑色，病部略隆起（图8-7）。花序受害后花朵停止开放，花梗不再伸长，之后变黑、枯萎。后期病部生黑色小点闭囊壳，严重时引起大量落叶、落花和落果。

图8-6 芒果白粉病在盛花期的受害花枝症状

图8-7　芒果白粉病在坐果期的受害枝条症状

2.病原及发病规律　芒果白粉病主要是由子囊菌门白粉菌属真菌引起的，以*Erysiphe quercicola*为主，部分地区也能检测到*E. alphitoides*。

病菌以菌丝体和分生孢子在寄主的叶片、枝条或脱落的叶、花、枝、果中越冬，其存活期可达2 ~ 3年。翌年，病组织上产生大量分生孢子随风扩散，侵染寄主的幼嫩组织，该病流行速度较快。气温在20 ~ 25℃时利于该病害发生流行，湿度对病害的发生影响虽然不是很明显，但在花期如遇夜晚冷凉及多雨，发病加重。该病在潮湿和干旱地区都可以发生流行，高海拔地区由于温度较低，危害持续时间较长。芒果抽叶开花期为本病的盛发期。芒果品种间抗病性有差异。

3.防治措施

①农业措施。增施有机肥和磷钾肥，避免过量施用化学氮肥，控制平衡施肥。剪除树冠上的病虫枝、干腐枝、旧花梗、浓密枝叶，使树冠通风透光并保持果园清洁。花量过多的果园，适度人工截短花穗、疏除病穗。

②药剂防治。本病以化学防治为主，特效药剂为硫黄粉。在抽蕾期、开花期和授粉期，使用325目*硫黄粉，用喷粉机进行

* 目为非法定计量单位，325目粉粒直径约为45微米。——编者注

喷施，每亩剂量为0.5 ~ 1千克，每隔15 ~ 20天喷1次，在凌晨露水未干前使用，高温天气不宜喷撒，否则易引起药害。也可选择50%多·硫悬浮剂200 ~ 400倍液，或60%代森锰锌可湿性粉剂400 ~ 600倍液，或70%甲基硫菌灵可湿性粉剂750 ~ 1 000倍液，或12.5%烯唑醇可湿性粉剂2 000倍液，或20%三唑酮乳油1 000 ~ 1 500倍液，或75%百菌清可湿性粉剂600倍液进行喷雾。

（三）芒果蒂腐病

芒果蒂腐病是芒果采后的主要病害，在世界主要芒果产区普遍发生，在我国华南地区，储运期病果率一般为10% ~ 40%，重者可达100%。

1.症状　多数芒果蒂腐病从蒂部始见症状，少数也从果蒂以外的部位发病。症状的表现往往因病原不同而异，主要有以下几种：

小穴壳属蒂腐病：该病在储运期可引起蒂腐、皮斑和端腐3种类型病斑，蒂腐尤为常见。蒂腐型：发病初期果蒂周围出现水渍状褐色斑，然后向果身扩展，病健部交界模糊，病果迅速腐烂、流汁。皮斑型：病菌从果皮自然孔口侵入，在果皮出现圆形、下凹的浅褐色病斑，有时病斑轮纹状，湿度高时病斑上可见墨绿色的菌丝层，病果后期可见许多小黑点（分生孢子器）。端腐型：在果实端部出现腐烂，其他症状与皮斑型相同。该病还可危害枝条引起流胶病，芒果嫁接接口和修枝切口受该菌感染后可引起回枯(图8-8)。

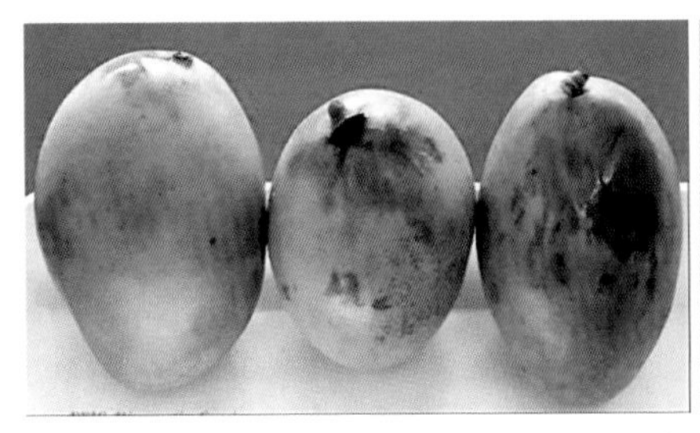
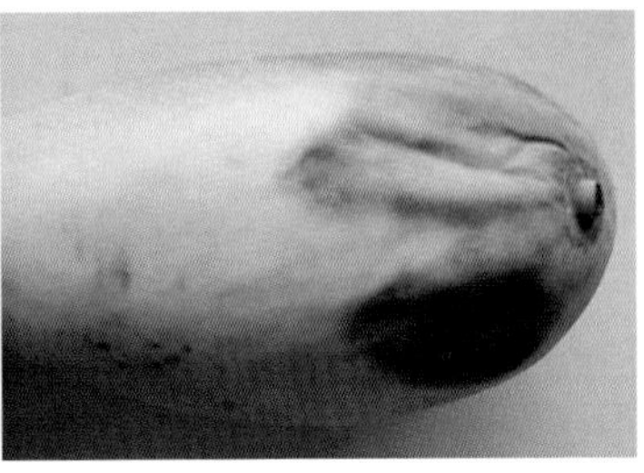

图8-8　芒果小穴壳属蒂腐病症状

芒果球二孢霉蒂腐病：病果初时果蒂褐色、病健交界明显，然后病害向果身迅速扩展，病部由暗褐色逐渐变为深褐色至紫黑色，果肉组织软化流汁，3 ～ 5天全果腐烂，后期病果出现黑色小点。该病还可危害枝条引起流胶病，侵染芒果嫁接苗接口和修枝切口可引起回枯（图8-9）。

图8-9　芒果球二孢霉蒂腐病症状

拟茎点霉蒂腐病：初时在果柄、果蒂周围组织出现浅褐色病变，病健部交界明显，病斑沿果身缓慢扩展，病部渐变褐色，果皮无菌丝体层，果肉组织和近核纤维中有大量白色的菌丝体，果肉组织崩解，后期病果果皮出现分散表生的小黑点（分生孢子器），孢子角白色或淡黄色。该病还可侵染嫁接苗接口导致接穗枯死，侵染植株主枝、枝梢引起流胶病，侵染叶片引起斑枯病。

2.病原及发病规律　引起芒果蒂腐病的病原主要有3种，分别为芒果小穴壳蒂腐霉（*Dothiorella dominicana*）、可可球二孢霉（*Botryodiplodia theobromae*）和芒果拟茎点霉（*Phomopsis mangiferae*），所引起的蒂腐病也分别称为小穴壳属蒂腐病、芒果球二孢霉蒂腐病和拟茎点霉蒂腐病。芒果蒂腐病除危害果实外，还可通过侵染芒果嫁接苗接口和修剪切口引起苗枯和回枯。

初侵染源为果园病残体及回枯枝梢和病叶，在适合的温、湿条件下，病残体及回枯枝梢和病叶释放大量分生孢子，通过雨水、风传播，由伤口侵入寄主，引起发病，果实采摘时，果柄切口是病原菌的重要侵入途径。随着果实的成熟，病菌活力渐强，并在储运期表现蒂腐。高温高湿条件有利于病害的发生，最适合的发病温度为25 ～ 33℃。常受风害的果园，或受暴风雨侵袭后的果园，病害发生严重。

3.防治措施

①果园防病。流胶枝枯的防治：剪除病枝、病叶，集中销毁；用刀挖除病部，涂上10%石灰等量式波尔多液浆保护。幼树回枯的防治：拔除死株、剪除病叶并集中销毁，然后用1%石灰等量式波尔多液、75%百菌清800倍液喷雾保护，每隔10天喷1次，连喷2 ～ 3次。果实蒂腐病的防治：在果实采前喷1%石灰等量式波尔多液，或75%百菌清可湿性粉剂500 ～ 600倍液。

②采后处理。剪果：收果时预留长约5厘米的果柄，到加工处理前进行第二次剪短，留果柄长约0.5厘米，果实不能直接放于土表，以免病菌污染；洗果：用2%～ 3%漂白粉水溶液或流水洗去果面杂质；选果：剔除病、虫、伤、劣果；药剂处理：使用29℃的50%施保功可湿性粉剂1 000倍液处理2分钟，或用52℃的45%噻菌灵胶悬剂500倍液处理6分钟；分级包装：按级分别用白纸单果包装。

（四）芒果疮痂病

1.症状　主要危害植株的嫩叶和幼果，引起幼嫩组织扭曲、畸形，严重时引起落叶和落果。在梢期嫩叶上，从叶背开始发病，病斑为暗褐色突起小斑，圆形或近椭圆形，湿度较大时病斑上可见绒毛状菌丝体，后期病叶扭曲、畸形，叶柄、中脉发病可发生纵裂，重病叶易脱落（图8-10）。感病幼果出现褐色或深褐色突起小斑，果实生长中期感病后，病部果皮木栓化，呈褐色坏死斑，此外，感病果皮由于生长不平衡，常出现粗皮或果实畸形（图8-11）。在湿度大时，病斑上可见小黑点，即病菌的分生孢子盘。

图8-10　芒果疮痂病受害叶片症状

图8-11　芒果疮痂病受害果实症状

2.病原及发病规律　芒果疮痂病病原菌学名为芒果痂囊腔菌(*Elsinoe mangiferae* Bitancourt et Jenkins)，属子囊菌亚门，腔菌纲，多腔菌目。分生孢子盘褐色，大小不一，产孢细胞瓶梗型。分生孢子圆柱形，有时微弯，无色到淡色，少数具油球。

病原菌以菌丝体在病组织内越冬。翌年春天在适宜的温、湿度下，在旧病斑上产生分生孢子，通过气流及雨水传播，侵染当年萌发的新梢及嫩叶，经过一定潜育期后，新病部又可产生分生孢子，进行再侵染。果实在生长后期普遍受侵染。每年5—7月，苗圃地里的实生苗普遍受侵染发病。该病的发生程度与品种有较大关系，紫花芒、桂香芒和串芒发病较重。

3.防治措施

①严格检疫，新种果园不从病区引进苗木。

②搞好清园工作。在冬季结合栽培要求进行修剪，彻底清除病叶、病枝梢，清扫残枝、落叶、落果并集中销毁，后续加强肥水管理。

③药剂防治。在嫩梢及花穗期开始喷药，约7～10天喷1次，共喷2～3次；坐果后每隔3～4周喷1次。药剂可选用1（硫酸铜）：1（生石灰）：160（水）的波尔多液，或25%施保克乳油750～1 000倍液，或70%代森锰锌可湿性粉剂500倍液。

（五）芒果细菌性角斑病

芒果细菌性角斑病广布于云南、广西、广东、海南和福建等省份，流行年份常造成早期落叶、果面疤痕密布、产量和商业价值降低。

1.症状　主要危害芒果叶片、枝条、花芽、花和果实。在叶片上，最初产生水渍状小点，逐步扩大变成黑褐色，扩大的病斑边缘常受叶脉限制呈多角形，有时多个病斑融合成较大的病斑，病斑表面稍隆起，周围常有黄色晕圈，叶片中脉和叶柄也会受害而纵裂（图8-12）；在枝条上，病斑呈黑褐色溃疡状，病斑扩大并绕嫩枝一圈时，可致使枝梢枯死；在果实上，初时呈水渍状小点，

图8-12　芒果细菌性角斑病受害叶片症状

后扩大成黑褐色，表面隆起，溃疡开裂（图8-13）。病部共同症状是：病斑黑褐色，表面隆起，病斑周围常有黄色晕圈，湿度大时病组织常有胶黏汁液流出。另外，在高感品种上还可以使花芽、叶芽枯死。此病危害而形成的伤口还可成为炭疽病、蒂腐病病菌的侵入口，诱发贮藏期果实大量腐烂。

图8-13　芒果细菌性角斑病受害果实症状

2.病原及发病规律　芒果细菌性角斑病病原学名为薄壁菌门黄单孢菌属柑橘黄单孢菌芒果致病变种[*Xanthomonas campestris* pv. *mangiferaeindicae*（Patel，Moniz&Kulkarni）Robbs，Ribeiro & Kimura]。

果园病叶、病枝条、病果、带病种苗及果园内或周围寄主杂草是芒果细菌性角斑病的初侵染源。病菌可通过带病苗木、风、雨水等进行传播扩散。病菌从叶片和果实的伤口或气孔等自然孔口侵入而致病。病原菌生长的最适温度为20 ~ 25℃，高温、多雨有利于此病发生，沿海芒果种植区在台风暴雨后，易在短时间内流行病害。秋梢期的台风雨次数和病叶率，与翌年角斑病发生的严重程度呈正相关，可以作为病害流行的预测指标。在常风较大的地区，向风地带的果园或低洼地发病较重，避风、地势较高的果园发病较轻。目前主栽品种对细菌性角斑病的抗病性有一定差异，但没有免疫品种。

3.防治措施

①加强检疫。严禁从病区引进苗木，防止病原菌随带菌苗木、接穗和果实扩散。

②农业措施。加强水肥管理，增强植株抗性并促进植株整齐放梢。清除落地病叶、病枝、病果并集中销毁或深埋。果实采收后果园修剪时，将病枝叶剪除。结合疏花、疏果再清除病枝、病叶和病穗，并集中销毁。剪除浓密枝叶，在花量过多的果园，应适度人工截短花穗使树冠通风透光。

③营造防风林或将芒果园建在林地之中，减少台风和暴雨的袭击，可减轻发病。

④定期喷药保梢、保果是防治该病的重要措施，特别是果树修剪后，要尽快用30%氧氯化铜胶悬剂800倍液或1%石灰等量式波尔多液喷1次，以封闭枝条上的伤口。枝梢叶片老熟之前同样用上述药剂，每半月喷1次。在发病高峰前期或每次大风过后用1（硫酸铜）：2（生石灰）：100（水）的波尔多液，或72%农用链霉素可湿性粉剂4 000倍液进行喷雾。其他药剂如：30%氧氯化铜胶悬剂+70%甲基硫菌灵可湿性粉剂（1 ：1）800倍液，或3%中生菌素可湿性粉剂1 000倍液，或20%噻菌铜悬浮剂700倍液，或20%春雷霉素水分散粒剂500倍液等，对该病均有较好的防治效果。

（六）芒果畸形病

1.症状 分为枝叶畸形和花序畸形。幼苗容易出现枝叶畸形，病株失去顶端优势，节间异常，长出大量新芽，并且膨大畸形，叶子变细而脆，最后干枯，这与束顶病症状相似。成年树感染该病后可继续生长，芽干枯后会在下一生长季重新萌发。通常畸形营养枝的出现，会导致花序畸形，其花轴变密、簇生，初生轴和次生轴变短、变粗，严重时分不清分枝层次，更不能使花呈聚伞状排列，畸形花序呈拳头状，几乎不坐果。畸形花序的直径显著大于正常花序，但长度均比正常花序短；畸形花序的两性花显著少于正常花序，但雄花多于正常花序；畸形花序的子房多于正常花序；畸形花序的花胚退化率也显著高于正常花序（图8-14，图8-15）。

图8-14 芒果畸形病枝叶症状

2.病原及发病规律 芒果畸形病又称簇生病、簇芽病，由镰刀菌属病菌引起，其中*Fusarium mangiferae*的危害范围最广。

温度是制约病害流行的一个重要因子，当日平均温度达25℃，最高温度达33℃时，病害不发生。当温度低于20℃或在20℃左右时，正值芒果花期，此时是发病的高峰期。另外，不同气候类型

图8-15 芒果畸形病花序症状

下病害的严重度不同，不同的芒果品种对病害的抗性也不一样。

3. 防治措施

①加强检疫。严禁从病区引进苗木和接穗。一旦发现疑似病例，建议立即采取应对措施，铲除并销毁发病植株，防止病害扩散蔓延。

②修剪。剪除发病枝条，剪除的枝条至少含3次抽梢长度（0.4 ~ 1米），剪后随即将剪口用咪鲜胺（25%施保克乳油500倍液，在此特称“消毒液”，下同）浸泡过的湿棉花团盖住。剪刀在剪下一条病枝前要彻底消毒（另一把剪刀可事先浸泡在消毒液里）。田间操作时可把棉花与2 ~ 3把剪刀同时浸泡于消毒液中，

消毒液用一小塑料桶盛装，剪刀轮换使用，轮换浸泡，以便提高工作效率。剪下的枝条要集中销毁。第一次剪除后，下一年可能还会有部分抽出的新芽发病，可按上述方法继续再剪。剪几次后发病率可逐年降低。

③药剂防治。45%咪鲜胺水乳剂1 200倍液和40%速扑杀乳油1 500倍液混合使用，在抽梢期与开花期（日均温度约13～20℃），结合修剪措施，每隔15～20天喷1次药剂，共喷2～3次，重点喷施嫩梢和花穗。

④提高防病意识。尽量做到统防统治，铲除无人管理和房前屋后的发病芒果树。清理果园，清除枯枝杂草。

（七）芒果丛枝病

1.症状 芒果丛枝病症状主要表现为枝条丛生，呈扫帚状（图8-16）。

2.病原及发病规律 芒果丛枝病病原为植原体（phytoplasma），原称为类菌原体（mycoplasmalike organism，MLO），是一类尚不能人工培养的植物病原菌。植原体无细胞壁，仅由三层单位膜包围，为原核生物，专性寄生于植物的韧皮部筛管系统，可引起枝条丛生、花器变态、不坐果、叶片黄化，以及生长衰退和死亡等症状。该病原菌可随种苗传入，并通过刺吸式昆虫为媒介传播。

3.防治措施

①把好病害检疫和苗木检验关。不从感病果园引进种苗，经常检查田间苗木并拔除感病植株后销毁。

②平衡施肥，增强树势，提高植株免疫力。

③统一修剪，控制果园整齐抽梢，并在抽梢期集中喷施吡虫啉、速扑杀等杀虫剂，以控制刺吸式昆虫如蓟马、蚜虫、叶蝉等的危害，阻断病菌传播的昆虫媒介。

（八）芒果速死病

1.症状 发病树枝形成层变黑，主干流出琥珀色的胶状物。

图8-16　芒果丛枝病症状

感病主枝或枝条快速干枯凋萎，直至死亡，似烧焦状，而整株树均不会落叶。发病初期，一株树中只有1个枝梢或一部分感病，其他的枝条及叶梢正常，但随着病害的进一步发展，一般情况下，整株树逐渐死亡（图8-17至图8-19）。

图8-17　芒果速死病导致植株二次分枝快速枯萎

图8-18　芒果速死病导致树干形成层周围变色褐化

图8-19 芒果速死病症状图

A.全树症状 B.地上部分症状

2.病原及发病规律　芒果速死病病原菌为长喙壳属（*Ceratocystis* spp.）真菌，属子囊菌类，种类主要有*C. manginecans*、*C. fimbriata*。

本病的发生与易感的砧木和接穗有关，尤其植株处于逆境条件时发病较重，如肥水管理不善、失管的果园。病菌一般随感病枝条传播，修剪工具也易传播病菌，如果土壤受病菌的子囊孢子污染，病菌将长期潜伏于土壤中，并为病害的侵染循环提供初侵染源。另外，昆虫是此病害的重要传播途径，芒果茎干甲虫（*Hypocryphalus mangiferae*）是携带病菌的重要载体，甲虫蛀食树干形成层，造成孔洞，并把病菌带到寄主。目前，甲虫与病菌的相关作用尚不完全清楚，但实验表明，该病菌的菌体有引诱甲虫的作用，因此，感病植株常伴随有甲虫蛀食木质部的次生危害，而且这种甲虫有取食病菌菌体的嗜性，并依赖病菌菌体的营养发育。因此，携带病菌的甲虫是传播病害的重要媒介。

3.防治措施

①农业措施。及时挖除感病植株并销毁，种植穴土壤用波尔多液或甲基硫菌灵消毒；砍除病枝时，除立即销毁病枝外，切口也要用波尔多液消毒和涂封。使用健康无病种苗进行栽植。在感病果园作业时，修剪工具和其他用具用次氯酸钠进行消毒。

②药剂防治。对初发病的植株，可在茎干注射高效低毒内吸性杀菌剂，如施保克、甲基硫菌灵等。

③结合冬季修剪，用石硫合剂和石灰对植株主干和主枝进行涂白，避免受甲虫的危害，发现有害虫危害时及时用高效低毒杀虫剂进行喷杀，以防害虫对此病的进一步传播扩散。

（九）芒果煤烟病

1.症状　本病在各芒果种植区均有发生，主要危害叶片和果实，发病后在叶片和果实上覆盖一层煤烟粉状物，影响植物光合作用（图8-20，图8-21）。

图8-20　芒果煤烟病受害果实症状

图8-21　芒果煤烟病受害叶片症状

2.病原及发病规律　芒果煤烟病病原菌有*Meliola mangiferae* Butler and Bisby和*Capnodium mangiferae* P.Henn，属于子囊菌亚门煤炱属。

初侵染源来自枝条、老叶。此病的发生与叶蝉、蚜虫、介壳虫和白蛾蜡蝉等昆虫有关。这些害虫在植株上取食，在叶片、枝条、果实、花穗上排出"蜜露"，病原菌以这些排泄物为养料进行生长繁殖从而造成危害。树龄大、荫蔽、栽培管理差的果园发病较严重。

3.防治措施　降低田间湿度；及时防治叶蝉、蚜虫、介壳虫等，并在杀虫剂中加入高锰酸钾1 000倍液；病害初发期用0.3波美度石硫合剂或1%石灰倍量式波尔多液进行喷雾防治。

（十）芒果藻斑病

1.症状　本病主要发生于成叶或老叶上，叶片正背两面均可发生。初生白色至淡黄褐色针头大小的小圆点，逐渐向四周呈放射状扩展，形成圆形或不规则形稍隆起的毛毡状斑，边缘不整齐，表面有细纹，呈灰绿色或橙黄色，直径约1 ~ 10毫米。后期表面较平滑，色泽也较深（图8-22）。

图8-22　芒果藻斑病受害叶片症状

2.病原及发病规律　芒果藻斑病病原菌为藻类（*Cephaleuros virseus* Kunze），初侵染源为芒果带病的老叶和枝条，果园周边寄主植物上的病叶、病枝等也可成为该病的初侵染源。在植株上，一般树冠发病由下层叶片向上发展，中下部枝梢受害严重。温暖高湿的气候条件适宜于孢子囊的产生和传播，降雨频繁、雨量充沛的季节，藻斑病扩展蔓延迅速。树冠和枝叶密集、过度荫蔽及通风透光不良的果园发病严重，生长衰弱的果园也有利于该病的发生。雨季是该病的主要发生季节。

3.防治措施

①果园管理。合理施肥灌水，增施磷钾肥，增强树势，提高树体抗病力。科学修剪，使树体通风透光，做好排水措施，保持果园适宜的温、湿度，及时中耕除草，清理果园，将病残物集体销毁，减少病源。

②药剂防治。在发病初期，病斑还是灰绿色尚未形成游动孢子之前喷施药剂防治。使用0.5%石灰等量式波尔多液、氢氧化铜或瑞毒霉锰锌喷洒叶片和枝条，按说明书确定使用浓度。

（十一）芒果流胶病

1.症状　芒果流胶病主要受害部位为枝梢、主干，受害部位流胶、溃疡，最后干枯。枝条感病初期，组织变色，皮层出现坏死溃疡病斑，并流出白色至褐色的树胶。感病部位以上的枝条枯萎，病部以下抽出小枝梢，叶片褐色变黄，最后整个枝条枯萎（图8-23）。花梗受害发生纵裂缝。幼果受害，开始变褐色，随后果皮及果肉腐烂，并渗出黏稠的汁液，病果脱落。成熟果实受该病菌侵染后，在软熟期表现症状，初期在果蒂出现水渍状黑褐色病斑，后扩展成灰褐色大斑，并渗出黏稠汁液，果肉褐色软腐。

2.病原及发病规律　芒果流胶病病原菌为可可球二孢(*Botryodiplodia theobromae* Pat. = *Diplodia natalensis* Evans)。田间病残上越冬存活的菌丝体和分生孢子器是病害发生的初侵染源。翌年在适宜的环境条件下，分生孢子器涌出大量的分生孢子，借风、雨水和昆虫传播，从寄主伤口侵入致病。高温（30℃）高湿

图8-23　芒果流胶病症状

和荫蔽的环境条件，有利于病菌的繁殖生长和侵染，所以在地势低洼、通透性差、排水不良的苗圃地易发病造成死苗。在同一个果园内，向阳、地势较高的区域发病率明显低于背阳、低洼地块或近水池的区域。在不同年份和不同地域，气候条件是该病发生的决定因素，在枝梢生长前降水次数多就容易诱导该病的发生，此后如遇到高温干旱会更为严重。老衰枝干和管理粗放、施肥不当的果园发病尤其严重。

3.防治措施

①防止损伤。栽培过程中要防止机械损伤；对树干进行涂白以免受太阳暴晒，方法：用刀挖除病部，涂上10%石灰等量式波尔多液保护。

②培养健康苗木。从健壮母树上取芽条，嫁接刀要用75%酒精消毒，芽接苗种植在空气流通的干燥处，特别要注意保持接口部位干燥，芽接成活解绑后要注意通风。

③结合整形修剪，剪除病枝梢。要从病部以下20 ～ 30厘米处

剪除，要用快刀将病部割除，割至见健康组织，然后将伤口涂上10%石灰等量式波尔多液，或喷施70%甲基硫菌灵可湿性粉剂200倍液。

④化学防治。结合芒果炭疽病和细菌性角斑病一起防治，花期可喷3%氧氯化铜悬浮液；幼果期（直径约1厘米）可喷0.6%石灰等量式波尔多液，或70%甲基硫菌灵可湿性粉剂800 ~ 1 000倍液，或45%咪鲜胺水乳剂1 200倍液。一般10 ~ 15天喷1次，共喷3次。

（十二）芒果叶斑病

1.芒果球腔菌叶斑病

症状：叶片上产生近圆形至不规则形灰褐色较大病斑，边缘深褐色，略露小黑点，即病原菌假子囊壳。

病原：*Guignardia* sp.为一种球座菌，属子囊菌门真菌。

传播途径和发病条件：病菌以分生孢子器或子囊座在病果或病叶上越冬，翌年春天产生的分生孢子或子囊孢子借风雨传播，两种孢子在25℃条件下很快就能萌发并侵入叶片，高温适宜其发生和流行。

防治方法：做好冬季清园工作，剪除病落叶后集中销毁，以减少菌源，并喷1次3 ~ 5波美度石硫合剂。花序萌发后喷洒1%石灰等量式波尔多液或80%代森锰锌可湿性粉剂600倍液。

2.芒果叶点霉叶斑病

症状：该病在海南三亚发生尤为严重，主要危害叶片。在成熟叶片上，病斑始发于叶缘和叶尖，叶正面灰白色，边缘为黑褐色，叶背面褐色，严重时可在表皮下产生小黑点（病菌分生孢子器）。在嫩叶上，叶面产生浅褐色小圆斑，边缘为暗褐色，后稍扩大或不再扩展，数个病斑相互融合，易破裂穿孔，组织坏死，造成叶枯或落叶。

病原：*Phyllosticta mortoni* Fairman，属半知菌类真菌。

传播途径和发病条件：病菌以分生孢子器在病组织内越冬，

条件适宜时产生分生孢子，借风雨传播，从伤口或气孔侵入，进行初侵染和再侵染。该病多发生在夏、秋两季。

防治方法：加强芒果园管理，增强树势，提高抗病力。加强果园生态环境建设，适时修剪，使果园通风透光。发病初期喷洒1%石灰等量式波尔多液，或50%甲基硫菌灵可湿性粉剂600倍液，或75%百菌清可湿性粉剂700倍液。

3.芒果茎点霉叶斑病

症状：染病叶片出现浅褐色圆形至近圆形病斑，边缘水渍状，病斑大小为0.5 ～ 1厘米，后期病斑变为不规则形，边缘深褐色，病斑中央长出黑色小粒点，即病原菌的分生孢子器。

病原：*Phoma mangiferae*（Hingorani & Shiarma）P. K. Chi，称芒果茎点霉，异名*Macrophoma mangiferae* Hingorani & Shiarma，属半知菌类真菌。

传播途径和发病条件：该病多发生在苗圃或幼龄树上，多在夏、秋梢生长期发病，新梢未转绿叶片易染病。各品种中，红象牙最易染病。

防治方法：清除病残体，采收后及时挖沟深埋或销毁，以减少菌源，并马上喷洒1%石灰等量式波尔多液消毒灭菌。发病初期喷洒75%百菌清可湿性粉剂600倍液。

4.芒果棒孢叶斑病

症状：叶片染病初期，产生很多形状不规则的褐色小斑点，大小为1 ～ 7毫米，后变灰色，四周具褐色围线，多个病斑融合成大小不一的斑块，斑块四周现黄色晕圈，后期病斑上现黑色霉层(病原菌分生孢子梗和分生孢子)。

病原：*Corynespora pruni*（Berk & Cart.）M. B. Ellis，属半知菌类真菌。

传播途径和发病条件：病菌以菌丝体在枯死叶片或病残体上越冬，翌年春天随芒果生长侵入植株叶片，高温高湿易发病。

防治方法：发现病叶及时剪除，防止其传染。发病初期喷洒1%硫酸铜半量式波尔多液以消灭病菌。

5.芒果叶疫病

症状：又称交链孢霉叶枯病。主要危害树冠下部老叶。芒果实生苗和芒果幼树叶片易发病，属常发次生病害。病害初期生成灰褐色至黑褐色的圆形或不规则形病斑，后发展为叶尖枯或叶缘枯，严重时叶片大量枯死，影响植株生长，叶柄有时也生局部褐斑，易引起落叶，目前尚未见危害果实。个别年份发病较为严重。

病原：*Alternaria tenuissima*（Fr.）Wiltsh，称细极链格孢，属半知菌类真菌。湿度大时病斑上现灰色霉状物，即病菌分生孢子梗和分生孢子。

传播途径和发病条件：病菌以菌丝体在树上老叶或病落叶上越冬，翌年春雨后菌丝产生分生孢子借风雨传播，侵染芒果下层叶片。夏季进入雨季或空气湿度大时，缺肥易发病，栽培管理不到位及老龄芒果园发病重。

防治方法：种植当地的土芒作为抗病砧木，培育抗病品种。采收后及时清除病落叶，集中销毁，加强芒果园肥水管理，提倡施用酵素菌沤制的堆肥或腐熟有机肥，使芒果树生长健壮，增强抗病力。发病初期喷洒1%硫酸铜半量式波尔多液，或50%异菌脲可湿性粉剂1 000倍液，或70%代森锰锌可湿性粉剂500倍液，隔10 ～ 20天喷施1次，连续喷施2 ～ 3次。

6.芒果白斑病

症状：主要危害叶片，病斑灰白色，圆形或略不规则形，后期病斑上长出黑色小粒点，即病原菌的分生孢子器，多个病斑常融合成大块病斑，造成叶片局部坏死脱落。此病多发生在春、秋两季。

病原：*Ascochyta mangiferae* Batista，称芒果壳二孢，属半知菌类真菌。

传播途径和发病条件：同芒果叶点霉叶斑病。

防治方法：同芒果叶点霉叶斑病。

7.芒果拟盘多毛孢叶枯病

症状：又称灰疫病，主要危害叶片，引起叶枯。刚转绿新梢叶片多沿叶尖或叶缘产生褐色病斑，边缘深褐色。在叶缘、叶片上产生圆形或近圆形的灰褐色病斑，直径1厘米以上，病健交界处呈波浪状黄色或褐色晕圈，湿度大时，病斑两面生出黑色小霉点，即病菌分生孢子盘。

病原：*Pestalotiopsis mangiferae*（P. Henn.）Stey，称芒果拟盘多毛孢，属半知菌类真菌。

传播途径和发病条件：病菌在病叶上或病残体上越冬，翌年春雨或梅雨季节，病残体上或病叶上产生菌丝体和分生孢子盘，盘上产生大量分生孢子，借风雨传播，肥水条件差的芒果园或苗圃易发病。紫花芒、桂香芒、象牙芒发病重。

防治方法：同芒果叶疫病。

（十三）芒果细菌性顶端坏死病

1.症状 该病常发生于芒果叶、芽、茎和花穗上，一旦染病，坏死病斑会迅速扩大，但一般不在果实上发生。病变常开始于叶边缘和叶脉处，水浸泡过的地方常会连接成片，然后变黑略突出（图8-24）。该病害在、希腊等芒果产区发生较为普遍，近年来，国内一些种植区如海南、广东也零星发现类似发病症状。

2.病原 *Pseudomonas syringae* pv. *syringae*

3.防治措施 参考芒果细菌性角斑病。

（十四）芒果主要生理性病害

1.芒果生理性叶缘焦枯病

症状：又称叶焦病、叶缘叶枯病。多危害3年以下幼树的新梢叶片，病害发生初期，叶尖或叶缘出现水渍状褐色波纹病斑，随后向叶片中脉横向扩展，后期呈褐色，然后叶片逐渐干枯，最后叶片脱落，剩下秃枝，但不枯死。翌年病梢仍可长出新梢，但长势差，挖出地下部分可发现，根部颜色稍暗，根毛较少。

病因及发病规律：该病为生理性病害，环境条件和果园管理与病害发生密切相关，营养失调或根系活力较低的果树发病尤为严重。营养失调主要是叶片中含钾量明显高于健康果树，钾离子

图8-24　芒果细菌性顶端坏死病症状

A.初期症状　B.后期症状

过剩，引起叶缘灼烧。在干旱、土温高、盐分浓度高的环境条件下，根系活力较弱，该病发生尤为严重。当适当降雨时，根际条件得到改善，植株会逐渐恢复正常。

防治方法：改善果园条件，选择土壤和小气候适宜的环境条件，并注意培肥地力，改良土壤。加强果园管理，提高树体抗性，幼树应施用酵素菌沤制的堆肥或薄施腐熟有机肥，尽量少施化肥，或喷洒植物生长调节剂。秋冬干旱季节要适当淋水并用草覆盖树盘，保持潮湿，防止叶部病害的发生。注意防治芒果拟盘多毛孢灰斑病、链格孢叶枯病、壳二孢叶斑病等，防止芒果缺钙、缺锌。

2. 芒果树杆裂皮病

症状、病因及发病规律：芒果树杆裂皮一般由太阳暴晒引起，向阳的半边较严重。在金沙江干热河谷地区由于气候干热、昼夜温差大，易导致树干龟裂（图8-25）。

防治方法：每年在树体修剪后涂上石硫合剂加以保护，平时发现裂皮严重的应及时补涂，以防病菌侵染，确保树体的正常生长。

图8-25　芒果树杆裂皮病症状

3.果实内部腐烂病

症状：果实内部腐烂病最大的特点是果实表面完好，但切开后果肉存在空心、变黑和腐烂等症状。根据病变特征可分为软鼻子病、海绵组织病、心腐病和空心病等。软鼻子病：果实中部和基部正常或不成熟，但果顶果肉糊状软化；海绵组织病：果肉软化变色呈松散的海绵状，果皮有一层黑褐色的分界线，随着果实的进一步成熟，内部果肉逐渐变黑腐烂（图8-26）；心腐病：果实表层的果肉表现正常，但果实种子周围的果肉软化湿腐；空心病：近成熟的果实内部出现空心现象，空心周围组织褐化，其他果肉正常（图8-27）。

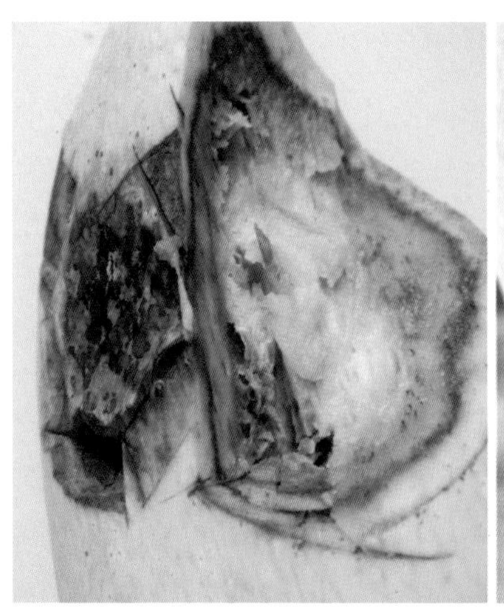
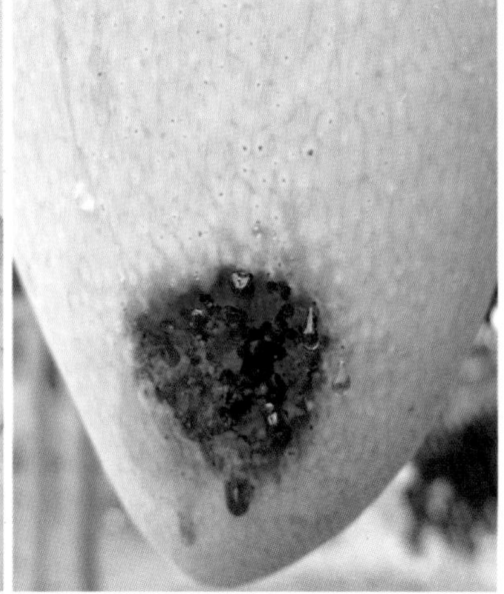

图8-26　芒果海绵组织病症状

软鼻子病

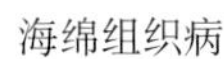

海绵组织病

心腐病

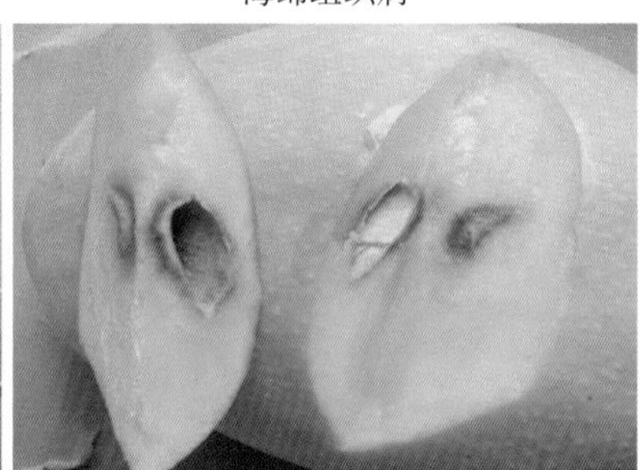

果实空心病

图8-27 芒果内部腐烂病症状

病因及发病规律：果肉内元素间的比例不平衡是果肉腐烂的主要病因，土壤有机质含量偏低且比例不均衡的果园发病尤为严重。与正常果相比，腐烂果肉中氮、钾、锰、镁和铜元素含量相对较高，而钙和硼元素含量相对较低。钙元素缺乏是由于土壤中氮元素含量过高，影响了树体对钙元素的吸收。硼元素含量偏低主要是果园土壤中有效硼的含量较低。

防治方法：种植抗病品种，使用对钙吸收能力强的品种作为砧木，不种对此病敏感的品种。维护好果肉内有机质的平衡，保持叶片的氮含量＜1.2%，钙含量≥2.5%。具体措施包括：每年在根际土壤中施用碳酸钙，在叶片上喷施硝酸钙；施用高钙低氮复合肥，避免过量的水灌溉；夏季温度较高时，实施树头地面覆盖，以降低土壤温度，减轻土壤水分蒸腾，从而减少树体钙的流失；在不影响果实品质和产量的前提下，尽早采摘果实。

4.冻害

症状：受害叶片变黄但不脱落，枝条失水干枯，严重的整株干枯凋萎（图8-28，图8-29）。

图8-28　芒果冻害症状（上为正常花序，下为冻害花序）

病因及发病规律：热带芒果种植区极少出现冻害，亚热带地区有些年份可能出现，冻害常发生在冬季寒潮期，当气温在0℃以下时容易发生。

防治方法：针对不同的冻害程度，采用相应的处理措施。对受冻枝条的修剪要适时，不能太早或太迟；果树冻伤后，枝条或茎干干枯症状要在一段时间后才出现，并且有一段回枯发展的时

图8-29　芒果幼树冻害症状

间，应确定气温不再大幅下降后再做处理，且应在雨季来临前处理完毕。①末次梢叶片受害，重点是稳定产量，对受冻未落的叶片进行修剪，施用花前肥。②末次梢枝条受害，回缩修剪到正常部位，施用花前肥，增加产量。③二级以上主枝受害，树势较强、枝梢长度有三次梢以上的，修剪后部分基枝腋芽还可以成花，有一定产量。④一级主枝受害，本年度基本无产量，但合理修剪后重新培养结果枝，下年便可投产。⑤主干受害，则需重新培养树冠或补植补种，整株枯死的，应尽快刨除。

5. 日灼病

症状、病因及发病规律：芒果日灼病是一种非侵染性生理病害。果实生长期在缺少荫蔽的情况下，受高温、空气干燥与阳光的强辐射作用，果实表皮组织水分失衡发生灼伤（图8-30）。发病

图8-30　芒果日灼斑

程度与气候条件、树势强弱、果实着生方位、果实套袋与否及果袋质量、果园田间管理情况等因素密切相关，套袋的果实一般不易发生日灼病。雨天突然转晴后，受日光直射，果实易发病；植株结果过多，树势衰弱，会加重日灼病的发生；果树外围果实向阳面日灼病发生较严重。

防治方法：合理施肥灌水，增施有机肥，合理搭配氮、磷、钾和微量元素肥料，提高树体抗病力。生长季节结合喷药补施钾、钙肥；遇高温干旱天气及时灌水，降低园内温度，减轻日灼病发生。选择防水、透气性好的芒果专用果袋，在坐果稳定后尽早套袋。套袋前全园喷1次优质保护性杀菌剂，药液晾干后再开始套袋。注意套袋要避开雨后的高温天气和有露水时段，并将袋口扎紧封严。为了果实着色，果实采收前十多天去袋，或直接换成白色单层袋。去袋时间宜在晴天上午10时以前和下午4时以后，阴天可全天进行。

6.裂果

症状及病因：果实在生长期长时间干旱少雨，成熟期又突遇密集降雨，易开裂（图8-31），随后被腐生菌或其他病原菌定殖而失去食用价值。

图8-31　芒果裂果症状

防治方法：裂果既属生理性病害，也受外界环境的影响。幼果期要注意病虫害防治，果实硬核后套纸袋可防病虫，也可减少裂果。在栽培上要合理调节水分灌溉，避免大旱大水。坐果稳定后叶面喷施钙肥等保果剂或叶面肥，可减少裂果。

7.除草剂药害

症状及病因：在田间施用草甘膦等除草剂时，若不慎喷到果实或叶片上，会导致果实或叶片表面出现坏死斑，叶片干枯（图8-32）。

图8-32　芒果受除草剂药害症状

防治方法：将喷雾器喷头用喇叭口塑料物遮罩，以控制喷雾范围；风较大时停喷。

8.营养失调症

（1）缺镁（Mg）症 在高酸性土或高碱性土壤中栽培时易发生此病，先从老叶的叶脉间黄化，然后扩展到嫩叶。缺镁果园中，在改良土壤、增施有机肥料的基础上适当地施用镁盐，可以有效地防治缺镁症。主要防治方法有：①在酸性土壤（pH<6.0）中，为了中和土壤酸度施用石灰镁（每株施0.75～1千克），在微酸性至碱性土壤的地区，施用硫酸镁，这些镁盐可混合在堆肥中施用。此外，要增施有机质，在酸性土壤中还要适当地多施石灰。②根外喷施2%～3%的硫酸镁2～3次，可恢复树势，对于轻度缺镁的植株，叶面喷施见效快。

（2）缺硼（B）症 缺硼时叶脉增粗、叶畸形、顶部节间缩短；花不实或少实，果实畸形；产量、品质明显下降。主要防治方法有：增施硼肥，如喷0.1%硼砂，或施用含硼营养液，或土壤埋施硼砂（成年树每株施50～100克），有助于防治芒果树缺硼症，提高坐果率，改善果实品质。

（3）硼（B）毒症 硼毒害是果园频繁施硼肥导致的，受害植株叶片的尖端出现黄色斑驳，随着毒害程度加剧，斑驳由尖端叶缘向下扩大，以致整个叶缘灼伤坏死；老叶尖端背面会有褐色树脂状斑点出现。症状严重者，落叶加剧，树势衰退。主要防治方法是暂停施硼肥，增施石灰及有机肥，使植株正常生长。

（4）缺铁（Fe）症 发病初期，新梢叶片褪绿，呈黄白色，下部老叶比较正常。随着新梢生长，病情会逐渐加重，顶端嫩叶严重失绿呈黄白色，叶脉呈淡绿色；严重时明显影响植株的生长，表现为新梢节间短、发枝力弱、花芽不饱满、果实品质下降。连续多年缺铁后，树势衰弱，树冠稀疏最后全树死亡。主要防治方法有：①改良土壤结构及理化性质。增施有机肥，树下间作绿肥，以增加土壤中腐殖质含量。②发病严重的果树，适当补充铁元素，发芽前喷施0.3%～0.5%的硫酸亚铁溶液，或用0.05%～0.1%的硫酸亚铁溶液注射树干，或在土壤中施用适量的金属螯合铁。需要特别注意的是，土施或叶面喷施都不可过量，以免产生药害。

（5）缺锌（Zn）症　新梢先出现症状，顶端叶片褪绿黄化，节间短缩，形态畸变。腋芽萌生，形成大量的细瘦小枝，密生成簇，后期落叶，新梢由上而下枯死。主要防治方法有：①增施有机肥，增加锌盐的溶解度，便于果树吸收利用。②补充锌元素。发芽前在树上喷施3%～5%的硫酸锌或发芽初喷施1%的硫酸锌溶液。结合春、秋施基肥，每株结果树（10年生左右）加施硫酸锌0.1～0.3千克，施后第二年显效，并可持续3～5年。③改良土壤。对盐碱地、黏土地、沙地等土壤条件不良的果园，应该采用生物措施或工程措施改良土壤，释放被固定的锌元素，创造有利于根系发育的良好条件，可从根本上解决缺锌问题。

二、芒果主要虫害及其防治

（一）横线尾夜蛾

1.生物学习性及危害特点　横线尾夜蛾（*Chlunetia transoersa* Walker）又称钻心虫、蛀梢蛾，属鳞翅目夜蛾科。芒果横线尾夜蛾在广东、广西1年发生7～8代，云南、四川1年发生5～6代，世代重叠，世代历期在春夏季为35～50天，在冬季约为118天。于枯枝、树皮等处以预蛹或蛹越冬，翌年1月下旬至3月下旬陆续羽化。雌虫在叶片上产卵，多数散产，每雌产卵量为54～435粒。幼虫共5龄，低龄幼虫一般先危害嫩叶的叶柄和叶脉，少数直接危害花蕾和生长点；三龄以后集中蛀害嫩梢和穗轴（图8-33）；幼虫老熟后从危害部位爬出，在枯枝、树皮或其他虫壳、天牛排粪孔等处化蛹，在枯烂木中化蛹的最多。

图8-33　芒果花穗中的横线尾夜蛾幼虫

成虫趋光性和趋化性不强。

幼虫蛀食嫩梢、花穗，引起枯萎，影响生长，削弱树势（图8-34，图8-35）。全年各时期危害程度与温度和植株抽梢情况密切相关，平均气温20℃以上时危害较重。一般在4月中旬至5月中旬、5月下旬至6月上旬、8月上旬至9月上旬以及11月上中旬出现4次危害高峰。

图8-34　横线尾夜蛾危害花穗状

图8-35　横线尾夜蛾危害芒果嫩枝

2.防治措施　在卵期和幼虫低龄期进行防治，一般应在抽穗及抽梢时喷药。芒果新梢抽生2～5厘米时，可选用90%敌百虫可湿性粉剂800～1 000倍液，或5%甲氨基阿维菌素苯甲酸盐微乳剂5 000～6 000倍液，或5%溴氰菊酯可湿性粉剂4 000～5 000倍液，或4.5%高效氯氰菊酯乳油1 500～2 000倍液，或25%噻虫嗪可湿性粉剂3 000～4 000倍液，或8 000 IU/mg苏云金杆菌可湿性粉剂100～150倍液进行防治，每隔7～10天喷1次，连喷2～3次。

（二）脊胸天牛

1.生物学习性及危害特点　芒果脊胸天牛（*Rhytidodera bowringii* White）属鞘翅目天牛科，分布在广东、广西、四川、云南、海南、福建等省份。脊胸天牛成虫体长33～36毫米，宽5～9毫米，体细长，栗色或栗褐色至黑色。腹面、足密生灰色至灰褐色绒毛；头部、前胸背板、小盾片被金黄色绒毛；鞘翅上生灰白色绒毛，密集处形成不规则毛斑及由金黄色绒毛组成的长条斑，排列成断断续续的5纵行。卵长约1毫米，长圆筒形。幼虫浅黄白色，体长约55毫米，圆筒形。蛹长约29毫米，黄白色。

幼虫蛀害枝条和树干，造成枝条干枯或折断，影响植株生长，严重时整株枯死，整个果园被摧毁。1年发生1代，主要以幼虫越冬，少量以蛹或成虫在蛀道内越冬。在海南，成虫在3—7月发生，4—6月进入羽化盛期；在云南，6—8月为成虫羽化盛期。交配后的雌虫把卵产在嫩枝近端部的缝隙中或断裂处或老叶的叶腋、树桠叉处，每处1粒，每雌可产卵数十粒。幼虫孵化后蛀入枝干，从上至下钻蛀，虫道中隔33厘米左右咬一排粪孔，虫粪混有黏稠黑色液体，由排粪孔排出，该特点是识别该虫的重要特征。11月可见少数幼虫化蛹或成虫羽化，但成虫不出孔，在枝条中的虫道里过冬。

2.防治措施

①在5—6月成虫盛发时进行人工捕捉，或利用成虫的趋光性安装黑光灯诱杀。

②在6—7月幼虫孵化盛期或冬季越冬期，把有虫枝条剪除，集中销毁。

③在幼虫期用铁丝捕刺或钩杀幼虫。

④在成虫羽化盛期，用石灰液涂刷树干2米以下范围，阻止成虫产卵。

⑤用70%马拉硫磷乳油800 ~ 1 000倍液，或48%毒死蜱乳油600 ~ 800倍液注入虫孔内，再用黄土把口封住，可熏死幼虫。

（三）橘小实蝇

1.生物学习性及危害特点　橘小实蝇［*Bactrocera dorsalis* (Hendel)］又称柑橘小实蝇、东方果实蝇、针蜂、果蛆等，属双翅目实蝇科寡毛实蝇属，国外分布于美国、澳大利亚、印度、巴基斯坦、日本、菲律宾、印度尼西亚、泰国、越南等，国内分布于广东、广西、福建、四川、湖南、台湾等省份。幼虫在果内取食危害，常使果实未熟就变黄脱落（图8-36），严重影响果树产量和质量。除柑橘、芒果外，橘小实蝇还能危害番石榴、番荔枝、阳桃、枇杷等200余种果实，被我国列为国内外植物检疫对象。

图8-36　芒果受橘小实蝇害果落果

在海南、广西、广东、云南及四川等芒果种植区，橘小实蝇年发生3～5代，全年均可发生，无明显越冬现象，田间世代重叠。成虫羽化时间随季节变化而变化，一般夏季10～20天，秋季25～30天，冬季3～4个月。橘小实蝇将卵产于即将成熟的芒果果皮内(图8-37)，每处5～10粒不等，每头雌虫产卵400～1 000粒。卵期在夏秋季为1～2天，冬季为3～6天。幼虫孵化后即在果内取食危害(图8-38)，导致果肉腐烂，成为蛆果、坏果，失去食用价值和商品价值。幼虫期在夏秋季为7～12天，冬季为13～20天，幼虫老熟后弹跳入土化蛹(图8-39)，深度3～7厘米。蛹期在夏秋季

图8-37　橘小实蝇成虫在果实表面产卵

图8-38 橘小实蝇幼虫在果肉中危害　图8-39 橘小实蝇幼虫弹跳入土化蛹

为8 ~ 14天，冬季为15 ~ 20天。

2.防治措施

①严格检疫。严禁调运带虫果实及苗木。

②清洁田园。及时摘除被害果，收拾落果，用塑料袋包好浸泡于水中5天以上。

③物理诱杀。用特制的食物诱剂诱杀成虫，结合及时捡果、清理果园等农艺措施，其防效可达90%以上。

④化学防治。树冠喷药：当田间虫量较大时，用20%氰戊菊酯乳油1 000倍液、25%灭幼脲悬浮剂2 000倍液进行树冠喷药。常用药剂：敌敌畏、马拉硫磷、辛硫磷、阿维菌素等。地面施药：每亩用5%辛硫磷颗粒剂0.5千克，拌沙5千克撒施；或用45%马拉硫磷乳油500 ~ 600倍液于地面喷施，或用800 ~ 1 000倍液在土面泼浇，一般每隔2个月1次，以杀灭脱果入土化蛹的老熟幼虫和刚羽化的成虫。

⑤套袋防虫。在芒果谢花后的幼果期套上芒果专用果袋，以减少雌成虫在果实上产卵的机会。

（四）叶瘿蚊

1.生物学习性及危害特点　芒果叶瘿蚊（*Erosomyia mangiferae* Felt）属双翅目瘿蚊科。国内分布于广西、广东等地，以幼虫危害嫩叶、嫩梢为主，被害嫩叶先见白点后呈褐色斑，之后穿孔破裂，叶片卷曲，严重时叶片枯萎脱落以致梢枯（图8-40）。

图8-40　芒果叶瘿蚊危害状

芒果叶瘿蚊在广东、广西1年发生15代，每年4月至11月上旬均有发生，11月中旬后幼虫入土于3 ~ 5厘米处化蛹越冬。翌年4月上旬羽化出土，出土当晚开始交尾，次日上午雌虫将卵散产于嫩叶背面，成虫寿命2 ~ 3天。幼虫咬破嫩叶表皮钻进叶内取食叶肉，受害处初呈浅黄色斑点，进而变为灰白色，最后变为黑褐色并穿孔，受害严重的叶片呈不规则网状破裂以致枯萎脱落，随后老龄幼虫入土化蛹。

2.防治措施

①清除果园杂草及枯枝落叶。

②统一修剪，确保新梢期集中，以便于集中防治。

③新梢嫩叶抽出时，在树冠喷施20%氰戊菊酯乳油2 000 ~ 3 000倍液，或2.5%高效氯氟氰菊酯乳油2 000 ~ 3 000倍液，或2.5%溴氰菊酯乳油2 000 ~ 3 000倍液，7 ~ 10天喷1次，1个梢期喷2 ~ 3次；或按4.5千克/亩于地面土施5%辛硫磷颗粒剂，或用40%辛硫磷乳油2 000 ~ 3 000倍液喷洒地面。

（五）蚧类

我国芒果蚧类昆虫种类很多，有5科45种，其中比较常见的有椰圆盾蚧、芒果轮盾蚧、矢尖蚧、角蜡蚧、长尾粉蚧等，属局部偶发性害虫，仅在少数果园造成危害。可危害树冠局部的枝梢、叶片和果实，吸食其组织的汁液，引起落叶、落果，严重时引起树体早衰。虫体固着在果皮造成虫斑，并分泌大量蜜露和蜡质，诱发煤烟病，影响果实外观(图8-41至图8-43)。

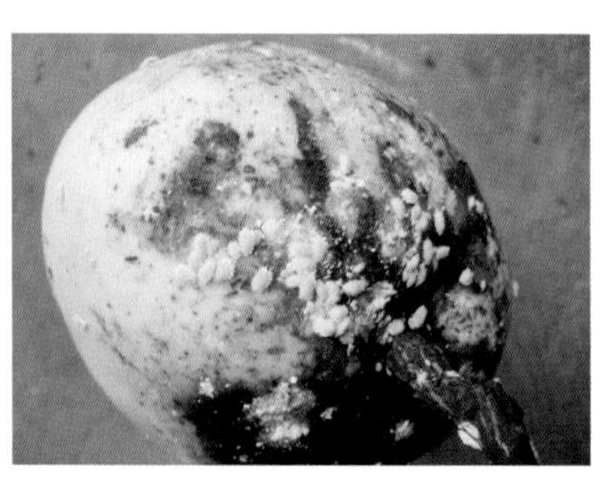

图8-41　矢尖蚧危害状

图8-42　芒果粉蚧茎杆危害状

图8-43　芒果粉蚧叶片危害状

1.生物学习性及危害特点　椰圆盾蚧，又名木瓜介壳虫，属同翅目，分布广泛，寄主达70多种。若虫和雌成虫附着于叶背、枝条或果实表面，刺吸组织中的汁液，使被害叶片正面呈黄色不规则的斑纹。椰圆盾蚧在长江以南各地1年发生2 ~ 3代，均以受精雌成虫越冬，翌年3月中旬开始产卵，4—6月以后盛发，雄成虫羽化后即与雌成虫交尾，交尾后很快死亡，每雌产卵约15粒。初孵若虫向新叶及果实爬动，后固定在叶背或果实危害(图8-44)。

图8-44　椰圆盾蚧危害状

2.防治措施

①加强修剪及树体管理，提高树冠及整个果园的通风透

光度，秋剪时将受害重的枝梢整枝剪除，并集中销毁。

②化学防治：若虫初发时，在树冠喷施40%毒死蜱乳油800倍液，或20%哒螨灵可湿性粉剂2 500 ～ 3 000倍液，或30%吡虫·噻嗪酮水悬浮剂1 500倍液等。

（六）蚜虫

危害芒果的蚜虫有芒果蚜[*Aphis odiaae*（Van der Goot）]、橘二叉蚜（*Toxoptera aurantii* Boyer）等。

1.生物学习性及为害特点　芒果蚜和橘二叉蚜均属同翅目蚜科。以成虫、若虫集中于嫩梢、嫩叶的背面、花穗及幼果柄上吸取汁液，引起卷叶、枯梢、落花落果，影响新梢伸长，严重时导致新梢枯死（图8-45，图8-46）。此外，蚜虫分泌的蜜露容易引起煤烟病。

图8-45　芒果蚜危害状

2.防治措施

①利用天敌防治蚜虫。蚜虫的天敌有瓢虫、食蚜蝇、草蛉、蜘蛛、步行甲等，施药时用选择性较强的农药，减少天敌杀伤数量。

②药剂防治。蚜虫大量发生期可用40％毒死蜱乳油1 000倍液，或50％抗蚜威可湿性粉剂2 000～4 000倍液，或2.5％高效氯氟氰菊酯乳油2 000～4 000倍液喷施叶面，施药间隔7～10天，施药次数为2～3次，注意药剂的轮换使用。

图8-46 橘二叉蚜危害状

（七）蓟马

危害芒果的蓟马种类有茶黄蓟马、黄胸蓟马、广肩网纹蓟马、中华管蓟马、红带蓟马、褐蓟马、威岛蓟马、淡红皱纹蓟马、醋色皱纹蓟马等，其中茶黄蓟马为优势种，黄胸蓟马发生程度次之。

1.生物学习性及危害特点 蓟马属缨翅目蓟马科，主要以成虫、若虫锉吸芒果树汁液危害嫩叶、花穗和幼果（图8-47）。受害初期的嫩叶、幼果表面组织锉伤呈木栓化，产生变色，后期严重时可影响嫩叶和幼果的生长发育（图8-48）。茶黄蓟马可整年在芒果树上活动，1年10～12代，各虫态并存，世代重叠。成虫产卵于叶背侧脉或叶肉中，若虫孵化后即可在嫩叶背面吸取汁液。1年中以芒果花期及嫩叶期虫口密度最大，干旱季节发生尤为严重。

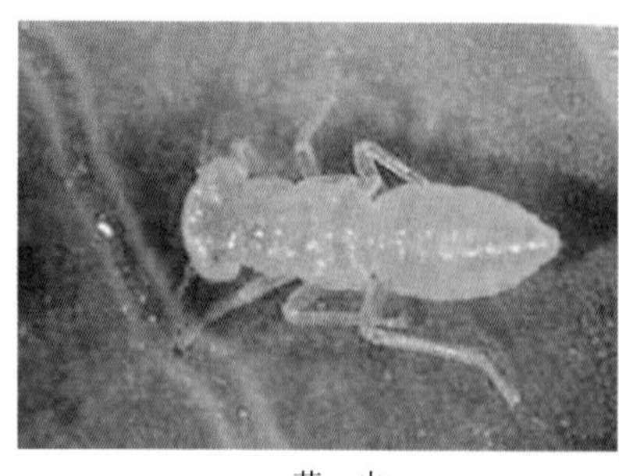

若 虫

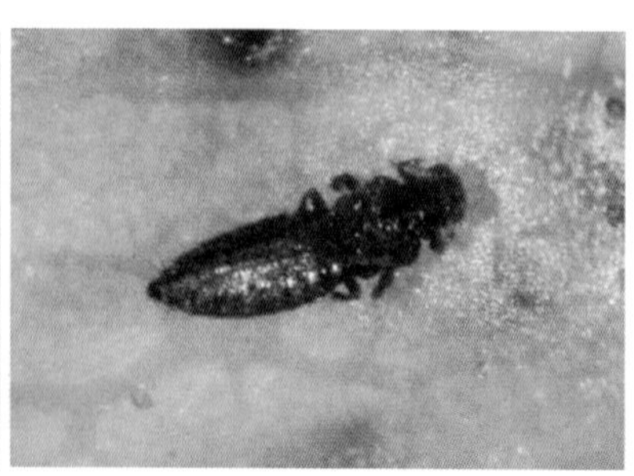

蛹

图8-47 蓟马若虫、蛹

图8-48　蓟马危害状

2.防治措施

①加强果园栽培管理，清除果园杂草，每年收果后及时修枝整型，使抽梢期一致，有利于集中防治。

②在抽梢期、花期、幼果期，结合其他害虫防治，用25%噻虫嗪可湿性粉剂2 000 ～ 3 000倍液，或50%吡虫啉可湿性粉剂3 500 ～ 4 000倍液，或2.5%高效氯氟氰菊酯乳油2 000倍液，或1.8%阿维菌素乳油1 500倍液喷雾防治。

③物理防治：悬挂黄色或蓝色粘板于花穗附近进行粘杀。

（八）芒果象甲

危害我国芒果的象甲主要有芒果果实象甲、芒果果核象甲、芒果果肉象甲和芒果切叶象甲。除芒果切叶象甲危害叶片外，其余3种均危害果实，是国内外的植物检疫对象（图8-49）。

1.生物学习性及危害特点

(1) *芒果果实象甲*　国外主要分布于越南、缅甸和柬埔寨等东南亚国家，国内分布于云南省。芒果果实象甲幼虫危害果核使种核不发芽或造成落果。在我国，每年发生1代，以成虫在果核内或枝干裂缝处越冬，第二年2—3月飞出，在花序和嫩叶上取食，

果核象甲

果肉象甲

果实象甲

图8-49　危害芒果果实的3种象甲

补充营养交尾后产卵于幼果的表皮，孵化后幼虫蛀入果核进行取食，6—7月出现大量新成虫（图8-50）。

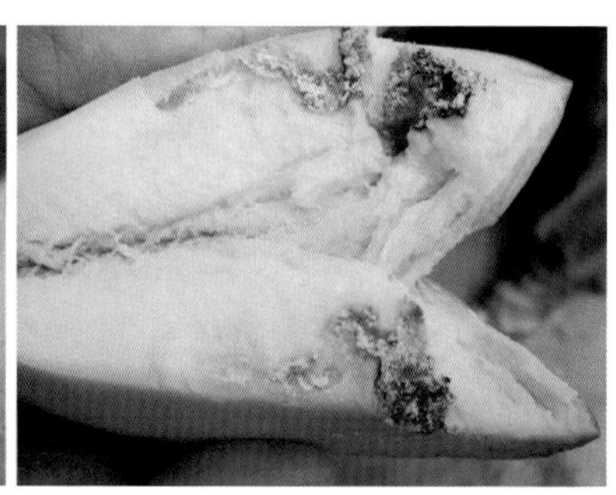

图8-50　芒果果实受害状

（2）芒果果肉象甲　国外分布于东南亚各国，国内仅云南省有报道。幼虫蛀食果肉形成不规则的纵横蛀道，蛀道内充满虫粪，不能食用。在我国，每年发生1代，以成虫在树干裂缝、树洞等处越冬，第二年春天开始活动，从嫩梢或幼果皮层吸食营养后产卵于幼果果内。卵孵化形成的幼虫在果实内老熟，之后继续在果内化蛹。成虫羽化后咬破果皮在芒果嫩梢、幼叶上取食。

（3）芒果果核象甲　主要分布于云南省的景洪市和勐腊县，象牙芒最易受害。幼虫蛀食果核导致幼果脱落。每年发生1代。成虫在土壤中越冬，于翌年春天出土活动并产卵于幼果内，孵化后幼虫钻入果核进行危害，被害果于幼虫接近老熟时脱落。

（4）芒果切叶象甲　在我国各芒果产区均有发生。以幼虫在土壤内越冬，每年3—4月羽化出土，危害植株幼嫩组织。雌成虫在嫩叶产卵后便将叶片从基部咬断，使受害新梢成为秃枝，严重影响树的生长势。卵随叶片落地，孵化后取食叶肉，老熟后入土化蛹（图8-51，图8-52）。

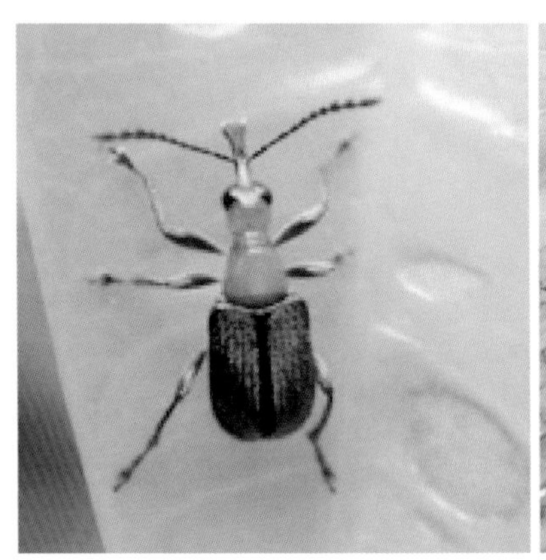

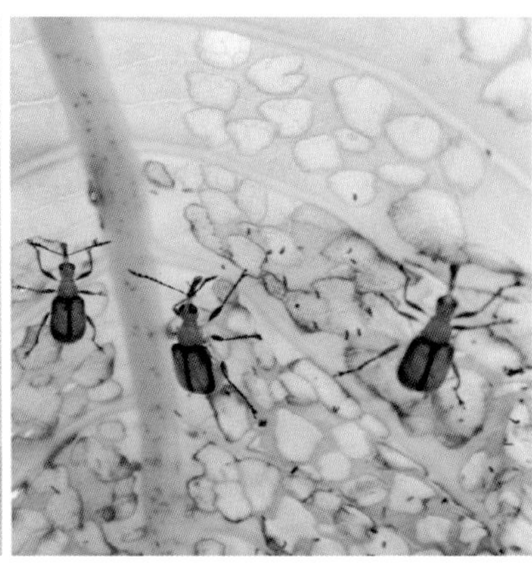

图8-51　芒果切叶象甲

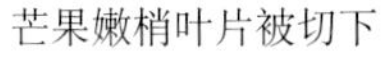

芒果嫩梢叶片被切下

被切下叶片散落到地面

图8-52　切叶象甲危害状

2. 防治措施

①加强检疫，严禁到疫区调运种子、果实和苗木。

②经常清除落果、果核、落叶，并集中销毁。

③冬季清园时堵塞树干孔洞，并向树冠喷施90%敌百虫可湿性粉剂800倍液，以消灭越冬成虫。

④幼果期用2.5%高效氯氟氰菊酯乳油1 200倍液，或90%敌百虫可湿性粉剂800倍液喷洒树冠，每次间隔7 ~ 10天，连续3 ~ 4次。

（九）白蛾蜡蝉、广翅蜡蝉

1.生物学习性及危害特点 属同翅目蛾蜡蝉科，国内分布于广东、海南、广西、云南等地。寄主主要有柑橘、荔枝、龙眼、芒果等。成虫、若虫吸食嫩枝汁液，影响果树生长，并会诱发煤烟病。幼果受害后，发育不良甚至落果。

白蛾蜡蝉成虫体长19.0 ~ 21.3毫米，黄白色或碧绿色，头尖，圆锥形，体上被有白色蜡粉。1年发生2代，以成虫在茂密枝叶上越冬，翌年2—3月天气转暖后，越冬成虫开始取食、交尾、产卵，成虫集中产卵于嫩枝或叶柄上。第一代卵盛孵期在3月下旬至4月中旬，4—5月为第一代若虫高峰期，成虫盛发于6—7月间；第二代卵盛孵期在7月中旬至8月中旬，8—9月为第二代若虫高峰期。第二代若虫从9月中旬起开始羽化为第二代成虫，天气转冷后，第二代成虫进入越冬阶段。初孵若虫群集危害，随着龄期增大，若虫成群上爬或跳动，在阴雨连绵或雨量比较多的夏秋季，该虫发生较重。

广翅蜡蝉成虫体长11.5 ~ 13.5毫米，翅展23.5 ~ 26.0毫米，黑褐色，前翅宽大，略呈三角形（图8-53）。1年发生1代，以卵于枝条内越冬。白天活动进行危害，若虫有群集性，常数头在一起排列枝上，爬行迅速善于跳跃；成虫飞行力较强且迅速，产卵于当年生枝条

图8-53 广翅蜡蝉

木质部内，每处成块产卵5 ～ 22粒，产卵孔排成纵列，孔外带出部分木丝并覆有白色绵毛状蜡丝，极易发现与识别。每雌可产卵120 ～ 150粒，产卵期30 ～ 40天。成虫寿命50 ～ 70天，至秋后陆续死亡。

2.防治措施 用90%敌百虫可湿性粉剂1 000倍液，或50%混灭威乳油1 000倍，或20%异丙威乳油500 ～ 800倍液，或50%仲丁威乳油800倍液，或50%吡虫啉可湿性粉剂2 000倍液加0.1%的洗衣粉液喷杀。在3月上中旬和7月中下旬的成虫产卵初期喷药效果最好。

（十）叶蝉

我国危害芒果的叶蝉有芒果扁喙叶蝉、黑颜单突叶蝉、红条叶蝉等，其中比较常见的是芒果扁喙叶蝉。

1.生物学习性及危害特点 芒果扁喙叶蝉，又叫芒果片角叶蝉、芒果叶蝉，属同翅目叶蝉科（图8-54）。国内分布于广东、海南、广西、云南、福建等省份，成虫、若虫均能进行危害，造成叶萎缩、畸形，落花落果甚至导致失收，并会诱发煤烟病。

芒果扁喙叶蝉成虫、若虫在4—10月都有发生，春梢、夏梢、秋梢都会受到它的危害，其中以4—5月危害最盛。成虫、若虫群集于嫩梢、嫩叶、花穗和幼果等处，刺吸汁液。卵产于嫩芽和嫩叶中脉的组织内，斜插在表皮下面，数粒或十多粒连接成片，还

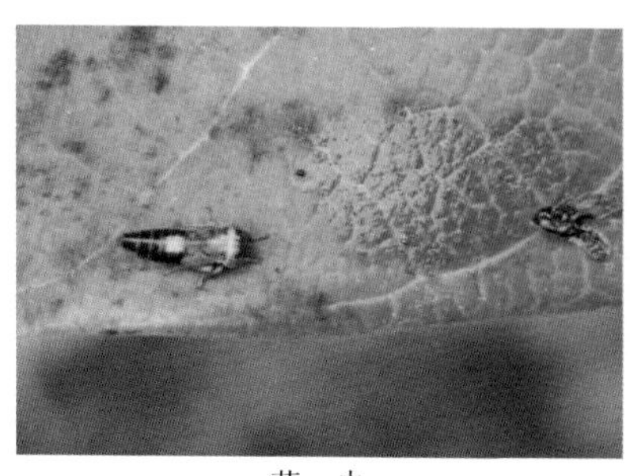

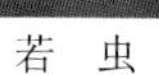

若 虫

成 虫

图8-54 扁喙叶蝉若虫、成虫

分泌胶质物遮盖产卵口，使外表隆起。孵化时，若虫从叶表皮下钻出，使表皮裂开，叶片弯曲变形，嫩芽枯死。

2.防治措施 参考白蛾蜡蝉和广翅蜡蝉。

三、果园气象灾害与防控措施

近年来，随着全球气候的变化，低温冷害、倒春寒、雹灾、霜冻等灾害性天气越来越频繁，对芒果的影响也越来越大。为了科学客观监测、预警，进一步规范气象预报预警服务芒果生产的技术流程，满足广大果农的迫切需求，更好地为我国芒果产业健康可持续发展保驾护航，我们研究了芒果相关气象灾害指标，并制定出具体的防控措施。

芒果对气候条件的适应性较广，年平均温度在21℃以上，最冷月平均温度不低于15℃，终年无霜的地方都较适宜种植。芒果生长要求的最低温为10℃，最适宜温度为25℃左右，最高温为42℃；当气温低于3℃时幼苗受害，0℃时会严重受害，气温低于−2℃时，花序、叶片及结果母枝2～3厘米直径的侧枝会冻死，至−5℃时幼龄结果树的主干也会冻死。一般枝梢在24～29℃生长较为适宜，低于15℃时则停止生长。适当的低温和干旱有利于花芽分化，花芽分化后气温较低时，花序发育较慢，有利于雄花形成；气温升高时能缩短花序发育时间，并提高两性花的比例；气温骤然升高时会萌发混合花芽。一般在芒果花期和幼果生长期高温且降雨量不多时，则丰产而品质优。以下是芒果生产期间受气象因子影响比较大的物候期：

1.生理分化期 指从芒果末次枝梢老熟到花芽萌动前的这段时期。时间长短和树龄、树势、品种以及外界条件等有关系，一般20～40天可完成生理分化，打破生长极性，芽体从叶芽生长向花芽生长转化，形成花原基。此期间发生了一系列生理生化变化，包括光合营养物质积累、碳水化合物含量升高、组织内细胞分裂素升高、赤霉素降低，核酸（RNA）和蛋白质的大量合成等。经过花芽生理分化，芽内具备了形态分化所需的能量物质、结构物质和调节物质。

2.形态分化期　从花原基最初形成至各花器官完成生长的过程叫形态分化。花芽形态分化初期特点：生长点肥大高起，略呈扁平半球体状态，从而可以与叶芽区别开来。芒果形态分化期一般是形成混合花芽，温度高则叶芽生长占优势，温度低则花芽生长占优势。

3.生理和形态分化期相关的气象指标　适度的低温（19℃/白天、13℃/夜间）有利于晚熟芒果花芽分化，高温（31℃/白天、25℃/夜间）则不利。土壤适当干旱（田间持水量在60%左右）有利于枝梢生长停滞，细胞液浓度提高，促进花芽分化，水分过多或过于干旱均不利于生理分化。在枝梢光合碳素贮备方面，枝梢老熟、树体通风透光、光照充足是良好光合碳素贮备的保证。形态分化期气温在20～28℃为宜，温度过低不利于花芽萌动，温度过高则容易抽带叶花穗（俗称冲梢）。此外，若花器官形成期温度低，则雄花比例高，适度高温有利于两性花形成，此期间土壤水分充足（田间持水量在80%以上）促进花穗及时萌动，也利于花器官正常发育。在树体营养方面，氮过多则会营养生长过旺，氮缺乏则畸形花多，磷、钾有利于花芽形成，锌、硼有利于花器官发育。开花授粉时大气湿度在75%～90%为宜，气候干燥则柱头黏，不利于花粉管萌发，湿度过大，则不利于花粉散开和传播。

在合适的条件下，经过受精的花，子房很快膨大，并转成绿色。开花后若子房迟迟不膨大，也不转为绿色，甚至出现幼果畸形，则说明未受精或受精不良。未受精的子房，开花后3～5天即随花凋萎脱落。一般能受精的两性花不足35%，而坐果率仅0.1%～0.2%，一般花序中上部的两性花成果率较高。开花期间过低、过高的温度对芒果的坐果都不利。据笔者团队研究，日平均温度在20～25℃时，坐果率呈上升趋势，在25～30℃和温度小于20℃时，呈下降趋势，盛花期若出现33～37℃的异常高温，坐果极差，一些果园甚至完全无法坐果。

芒果一般有2次落果高峰期。第一次从谢花后开始，持续约3周左右，落掉两性花总数的95%左右。落果原因是子房受精不良或未授粉受精，一些品种未受精幼果并不脱落，果实继续生长结成无胚果。第二次是开花后1 ~ 2个月。落果原因是树体营养不足、夏梢过多过旺、夏季雨水过多和树冠光照不足等。

果实发育期一般指从幼果开始膨大至果实成熟的这段时期，约需110 ~ 150天。不同品种果实的发育期不同，早熟种约需110 ~ 120天，中熟种需120 ~ 130天，晚熟种需130 ~ 150天。开花早的品种，果实成熟也早。在南宁，早熟种如本地芒、泰国芒多在5月下旬至6月末成熟，中熟种在7月成熟，晚熟种则延至8月甚至9月上旬才成熟。果实的生长曲线呈单“S”型，分为三个时期：第一时期（缓慢生长期）为坐果后15 ~ 20天内；第二时期（迅速膨大期）为坐果后20 ~ 60天；第三时期（生理成熟期）为坐果80 ~ 100天以后。坐果后2个月左右，内果皮开始变硬，随果实成熟愈益硬化，最终形成包裹种子的革质层。果核变硬期与果实生长率的密切相关，果实生长高峰期与种子发育期一致，种子的增大有助于果实的生长。

4.芒果灾害性天气 芒果整个生长期间遭受的气象灾害可以大致划分为3大类。一是由低温引起的寒害；二是高温干旱造成的危害；三是连续降雨引起的雨灾。此外，突发的冰雹和大风也会对芒果生产产生影响。

低温引起的寒害在晚熟芒果产区尤为明显，主要有：①花期低温冷害，指在芒果授粉季节，如日平均气温≤16℃，则无法授粉导致幼胚死亡，形成无胚果或陆续落果，进而导致减产。②开花坐果期的倒春寒，指在初春气温快速回升时，若突然出现连续3天或以上的低温（日平均气温≤18℃），会使芒果两性花形成率明显下降，花粉失活。③雪灾，指由于长时间或大规模降雪，导致芒果叶片受冻、枝条枯萎，甚至全树死亡。④霜冻，指在芒果越冬期间，若地面最低温度≤0℃或日最低气温≤4℃且相对湿度≥65%时，会使芒果树体内结冰，丧失生理活性，造成植株整株或部分死亡。高温干旱引起的危害主要有：①高温热害，指在芒果关键生育期，温度达到或超过不适宜芒果生长的日最高气温，并有持续性，导致植株授粉不良，幼果落果严重。②干热风危害，指芒果处于开花和坐果期时，出现日最高气温≥32℃，空气相对湿度≤30%和平均风速≥2米/秒的天气，导致芒果授粉受阻和坐果率下降。③旱灾，指在芒果关键生育期，大气干燥或土壤水分不足而导致芒果生长发育受阻或减产。连续降雨引起的雨灾主要有：①在花期遇连续多雨，导致花朵发育和授粉不良。②在果实成熟期遇连续多雨，导致果实品质下降，套袋的果实受冷出现褐色至棕黑色不规则斑块，进而引发病虫害。

各类型的灾害性天气等级指标见附录C；灾害性天气对芒果种植的危害及防御参考《灾害性天气防御技术规范　芒果》(DB 5104/T 46—2021)；风力等级指标参考《地面气象观测规范(附录3)》。

参 考 文 献

陈杰忠, 1999. 芒果栽培实用技术 [M]. 北京: 中国农业科学技术出版社.

陈业渊, 罗海燕, 高爱平, 等, 2009. 中国芒果产业发展现状、存在问题及对策 [C]. 广西：中国芒果产业发展论坛论文集: 1-5.

杜丽清, 张秀梅, 陆超忠, 2005. 几种热带亚热带果树的产期调节 [J]. 中国南方果树, 34(4): 44-45.

高爱平, 陈业渊, 朱敏, 等, 2006. 中国芒果科研进展综述 [J]. 中国热带农业 (6): 21-23.

葛世康, 2010. 果园草种的选择 [J]. 果农之友 (4): 17.

工炳华, 张玉君, 2010. 果树施肥的常见问题及其解决方法 [J]. 现代农业科技 (10): 122.

胡美姣, 郭立佳, 刘燕霞, 等, 2005. 4 种杀菌剂对芒果采后病害的控制效果 [J]. 植物保护, 31(6): 77-80.

黄德炎, 陈延玲, 1999. 芒果栽培丰产技术 [M]. 北京: 中国盲文出版社.

黄德炎, 陈延玲, 1999. 芒果早结丰产栽培技术 [M]. 北京: 中国盲文出版社.

黄国弟, 2000. 中国芒果选育种研究现状及发展趋势 [J]. 中国果树 (3): 47-49.

寇建村, 杨文权, 韩明玉, 2010. 我国果园生草研究进展 [J]. 草业科学 (7): 154-159.

雷新涛, 赵艳龙, 姚全胜, 等, 2006. 芒果抗炭疽病种质资源的鉴定与分析 [J]. 果树学报, 23(6): 838-842.

黎启仁, 文振德, 1995. 气象因子对芒果产量的影响 [J]. 中国农业气象, 16(1): 13-15.

李阜檣, 陈永琼, 杜成勋, 2010. 攀枝花气候条件对芒果成长的影响 [J]. 高原山地气象研究, 30(4): 68-71.

李桂生, 2003. 芒果栽培技术 [M]. 广州: 广东科技出版社.

李日旺, 黄国弟, 苏美花, 2013. 我国芒果产业现状及发展策略 [J]. 南方农业学报, 44(5): 879-882.

李永业, 孙西欢, 马娟娟, 2006. 果园节水灌溉技术[J]. 山西水利(4): 17-18.

李子添, 曾建生, 1993. 芒果开花败育的光温湿测定[J]. 云南热作科技, 16(2): 27-31.

刘新华, 2010. BTH防治芒果采后炭疽病及其系统获得抗性机理[D]. 海口: 海南大学.

刘秀娟, 黄圣明, 黄智辉, 等, 1999. 热处理对2种潜伏炭疽菌生长和致病性的影响[J]. 植物病理学报 (1): 91-95.

刘羽, 刘增亮, 高爱平, 等, 2009. 芒果种质对炭疽病的抗病性评价[J]. 热带作物学报, 30(7): 1000-1004.

刘增亮, 张贺, 蒲金基, 等, 2009. 芒果疮痂病的症状、病原与防治[J]. 热带农业科学, 29(10): 34-37.

逯万兵, 刘岩, 2004. 芒果高产栽培[M]. 北京: 金盾出版社.

吕英忠, 梁志宏, 2011. 果园土壤管理的方式与应用[J]. 山西果树(2): 25-27.

马磊, 2012. 冰雹灾害的防控技术和补救措施[J]. 果农之友(8): 23.

马蔚红, 武红霞, 王松标, 等, 2006. 我国芒果优势区域布局发展规划[C]. 热带作物产业带建设规划研讨会——热带果树产业发展论文集: 299-307.

苗平生, 1994. 芒果栽培手册[M]. 北京: 中国农业科技出版社.

莫蕤, 韦芳, 苏春芹, 等, 2009. 广西右江河谷2008年芒果低温寒害调查分析[J]. 气象研究与应用, 30(1): 52-54.

潘启城, 黄英良, 2011. 高温高湿天芒果防好这些病虫害[J]. 农药市场信息(21): 38.

庞世卿, 2003. 海南芒果反季节生产技术和存在问题及对策[J]. 热带农业科学(5): 30-34.

施宗明, 1998. 芒果优质丰产栽培技术[M]. 昆明: 云南科技出版社.

史继东, 李新建, 李建国, 等, 2012. 苹果园简易水肥一体化施肥技术[J]. 果农之友(9): 33-34.

覃文显, 2005, 百色市芒果产业生产现状与对策[D]. 南宁: 广西大学.

王璧生, 刘景梅, 2000. 芒果病虫害看图防治[M]. 北京: 中国农业出版社.

韦晓霞, 黄世勇, 1996. 芒果疮痂病病情消长规律的调查观察[J]. 福建果树(4):

20-22.

文衍堂, 黄圣明, 1994. 芒果细菌性黑斑病症状与病原鉴定[J]. 热带作物学报, 15(1): 79-85.

武英霞, 2004. 紫花芒果果实生理病害—海绵组织形成原因的研究[D]. 南宁: 广西大学.

冼玉卿, 黄梅丽, 1995. 南宁市芒果花期气象条件与产量关系的初步分析[J]. 广西气象, 16(4): 24-25.

肖功年, 庞宗文, 1999. 芒果果腐病原菌 (*Rhizoctonia solani* Kuhn) 的鉴定及生物学特性研究[J]. 广西大学学报(自然科学版), 24(4): 268-270.

肖倩莼, 李绍鹏, 1998. 芒果炭疽病抗病品种筛选研究[J]. 热带作物学报, 19(2): 43-48.

谢保昌, 1997. 岭南果树栽培技术[M]. 广州: 广东科技出版社.

谢玲, 黄思良, 岑贞陆, 等, 2002. 芒果褐色蒂腐病菌 (*Phomopsis mangiferae*) 生物学特性研究[J]. 微生物学杂志, 22(1): 15-17.

许树培, 2003. 芒果栽培技术[M]. 海口: 海南出版社.

Whiley A W, 李国华, 1990. 芒果树的抚育管理. 云南热作科技[J], 12(2): 41-45.

Arauz L F, 2000. Mango Anthracnose: Economic impact and current options for integrated managaement[J]. Plant Disease, 84(6): 600-611.

Gagnevin L, Leach J E, Pruvost O, 1997. Genomic varialilitv of *Xanthomonas compestris* pv. *mangiferae indica* agent of mango bacterial black spot[J]. Applied and Envirnnrnental Microbiology(63): 246-253.

Johnson G I, Cooke A W, Mead A J, et al., 1991. Stem end rot of mango in Australia: causes and control [J]. Acta Hort (ISHS)(291): 288-295.

Kefialew Y, Ayalew A, 2008. Postharvest biological control of anthracnose (*Colletotrichum gloeosporioides*) on mango (*Mangifera indica*) [J]. Postharvest Biology and Technology, 50(1): 8-11.

Ketsa S, Chidtragool S, Lurie S, 2000. Prestorage heat treatment and poststrage quality of mango Fruit [J]. HortScience, 35(2): 247-249.

Koomen I, Jeffries P. Effects of Antagonistic Microorganisms on the postharvest development of *Colletotrichum gloeosporioides* on Mango [J]. Plant Pathology,

42(2): 230-237.

Litz R E, 2009. The mango: botany, production and uses (2nd edition) [M]. New York: Oxford University Press.

Saranwong S, Sornsrivichai J, Kawano S, 2004. Prediction of ripe-stage eating quality of mango fruit from its harvest quality measured nondestructively by near infrared spectroscopy [J]. Postharvest Biology and technology(31): 137-145.

SomÉ A, Samson R, 1996. Isoenzyme diversity in *Xanthomonas compestris* pv. m*angiferae indica*[J]. Plant Pathology(45): 426-431.

附录A 波尔多液的配制

波尔多液是由硫酸铜、生石灰和水配制而成的保护性杀菌剂，有效成分为碱式硫酸铜。

1.波尔多液的原料　配制波尔多液时，要注意原料的选择。硫酸铜的质量一般都能达到要求，生石灰的质量对波尔多液的质量影响很大，要选用烧透的块状石灰（质轻、色白，敲击时有清脆响声），粉末状的消石灰不宜采用。配制硫酸铜溶液时不能用铁桶，以防腐蚀。

2.波尔多液的配制　两药混合法：硫酸铜和生石灰分别放在非金属的容器中，加入少量的热水并搅拌化开，再分别倒入为总水量一半的非金属容器中，滤去残渣，最后将两液同时慢慢倒入一个非金属容器中，边倒边搅拌，配成天蓝色的波尔多液。

硫酸铜溶液注入法：先将硫酸铜和生石灰分别放入非金属容器中，用少量的热水搅拌化开，用总水量的1/3倒入盛有生石灰的非金属容器中，再用总水量的2/3倒入盛有硫酸铜的非金属容器中，各容器搅拌充分溶解后滤去残渣，最后将硫酸铜溶液慢慢倒入溶解生石灰的溶液中，边倒边搅拌，配成天蓝色的波尔多液。此法配成的波尔多液质量好，胶体性能强，不易沉淀，要注意不能反倒，否则易发生沉淀。

在实际运用中，可用木桶或缸把一定量的硫酸铜用总水量90%的水搅拌溶解，滤去残渣，制成硫酸铜溶液。另用一个比较大的木桶将一定量的石灰先用少量水溶化，再加足总水量10%的水，滤去残渣，制成石灰液。然后把硫酸铜溶液慢慢倒入石灰液桶内（勿把石灰液倒入硫酸铜溶液，否则会导致质量下降），一边倒一边搅拌，即成天蓝色胶状的波尔多液。

大面积果园一般要建配药池，配药池由1个大池，2个小池组成，2个小池设在大池的上方，底部留有出水口与大池相通。配药时，塞住2个小池的出水口，用一个小池稀释硫酸铜，另一个小池稀释石灰，分别盛入需兑水量的1/2（硫酸铜和石灰都需要先用少量水化开，并滤去石灰渣子）。然后，拔开塞孔，两小池齐汇注于大池内，搅拌均匀即成。

所谓半量式、等量式和多量式波尔多液，是指石灰与硫酸铜的比例。而配制浓度1%、0.8%、0.5%、0.4%等，是指硫酸铜的用量。例如施用0.5%浓度的半量式波尔多液，即用硫酸铜1份、石灰0.5份，水200份配制，也就是1 ∶ 0.5 ∶ 200的波尔多液。一般使用石灰等量式波尔多液，病害发生严重时，可使用石灰半量式波尔多液以增强杀菌作用，对容易发生药害的品种则使用石灰倍量式或多量式波尔多液。

3.注意事项

①选料生石灰应选优质、色白、质轻、新鲜的块状生石灰，视杂质含量的多少应补足生石灰数量，熟化的粉状石灰不能使用；硫酸铜应选青蓝色、有光泽的硫酸铜结晶体，含有红色或绿色杂质的硫酸铜不能使用。

②按顺序采用硫酸铜溶液注入法配制时，顺序不能颠倒，否则所配制的波尔多液会产生较多的沉淀。

③冷却混合前，石灰溶液应冷却至常温，否则极易沉淀。

④要用非金属容器配制波尔多液，严禁用金属容器，金属容器容易将硫酸铜中的铜析出，达不到防病目的。

⑤按硫酸铜、生石灰、水的比例一次配成，不能配成浓缩液后再加水，否则就会形成沉淀和结晶。

⑥波尔多液配制时，硫酸铜一定要全部溶解完毕，若有药渣喷到果面上，会产生红褐色药害斑点。

⑦波尔多液呈碱性，含有钙，不能和怕碱药剂（如敌敌畏、代森锌）以及石硫合剂、松脂合剂、矿物油剂混用，为了避免药害发生，在喷过波尔多液的作物上，15 ～ 20天内不要喷以上药剂。但可以和砷酸铅、可湿性硫黄混用。

⑧采收前半个月不要喷洒波尔多液，以免污染。

⑨用过波尔多液的喷雾器要及时用水清洗干净。

附录B 石硫合剂的配制

石硫合剂有强碱性、腐蚀性，其有效成分是多硫化钙（CaS.Sx）。石硫合剂具有强烈的臭鸡蛋气味，性质不稳定，易被空气中的氧气、二氧化碳分解。一般来说，石硫合剂不耐长期贮存。石硫合剂具有杀虫、杀螨、杀菌作用，可以防治树木花卉上的红蜘蛛、介壳虫以及锈病、白粉病、腐烂病、溃疡病等；此外，施后分解产生的硫黄细粒，对植物病害有良好的防治作用。

石硫合剂是用生石灰、硫黄粉配制而成的红褐色透明液体。

石硫合剂的质量，一般以原液浓度的大小来表示，通常用波美比重计测量。原液浓度大，则波美比重表的度数高，一般自行熬制的石硫合剂浓度多为20 ~ 28波美度，可根据需要稀释为不同波美度的石硫合剂，稀释公式为：稀释倍数=（原液浓度−需要浓度）/需要浓度。

1.石硫合剂的原料　按照生石灰1份、硫黄粉2份、水10份的比例配制，生石灰最好选用较纯净的白色块状灰，硫黄以粉状为宜。

2.石硫合剂的配制　先将硫黄粉用少量水调成糊状的硫黄浆，搅拌越均匀越好。把生石灰放入铁桶中，用少量水将其溶解开，调成糊状，倒入铁锅中并加足水量，用火加热。在石灰乳接近沸腾时，把事先调好的硫黄浆自锅边缓缓倒入锅中，边倒边搅拌，并记下水位线。强火煮沸40 ~ 60分钟，待药液熬至红褐色捞出渣滓，呈黄绿色时停火，其间用热开水补足蒸发的水量至水位线。补足水量应在撤火前15分钟进行。最后冷却过滤出残渣，得到红褐色透明的石硫合剂原液，测量并记录原液的浓度。

3.注意事项

①熬制时，必须用瓦锅或生铁锅，使用铜锅或铝锅会影响药效。

②溶解生石灰时应用少量水，水过多漫过石灰块时，石灰溶

解反而更慢。

③熬煮时火力要强，不停地搅拌，但后期不宜剧烈搅拌，从沸腾倒入硫黄后熬制时间一般不超过1小时，否则，得不到高浓度的石硫合剂。在加热过程中防止溅出的液体烫伤眼睛。

④本药最好随配随用，长期贮存易产生沉淀，挥发出硫化氢气体，从而降低药效。必须贮存时应在石硫合剂液体表面用一层煤油密封。

⑤使用前要充分搅匀，长时间连续使用易产生药害。夏季高温32℃以上，春季低温4℃以下时不宜使用。

⑥勿与波尔多液、铜制剂、机械乳油剂、松脂合剂及在碱性条件下易分解的农药混用。与波尔多液前后间隔使用时，必须有充足的间隔期，先喷石硫合剂的，间隔10 ~ 15天后才能喷波尔多液；先喷波尔多液的，则要间隔20天后才可喷用石硫合剂。

⑦施用石硫合剂后的喷雾器，必须充分洗涤，以免被腐蚀损坏。

附录C 灾害性天气等级指标

（1）花期低温冷害等级指标　根据日平均气温和作物形态特征，将芒果花期低温冷害分为轻度和重度两个级别，见表C-1。

表C-1　芒果花期低温冷害等级指标

等级	气象指标	作物形态特征
轻度	13.3℃＜日平均气温≤16℃	花朵授粉率低，坐果率低，20%～30%形成无胚果，30%～40%落果
重度	日平均气温≤13.3℃	花朵授粉率极低，使已授粉幼胚死亡，坐果率很低，60%～70%形成无胚果，80%～90%落果

（2）雹灾等级指标　根据冰雹直径、累计降雹时间和作物形态特征，将雹灾等级分为轻度、中度和重度三个等级，见表C-2。

表C-2　芒果雹灾等级指标

等级	气象指标	作物形态特征
轻雹	多数冰雹直径≤5毫米，累计降雹时间≤10分钟	芒果叶子被冰雹击破，果皮受损
中雹	多数冰雹直径5～10毫米，累计降雹时间10～20分钟	芒果树枝折断，花、果实脱落
重雹	多数冰雹直径>10毫米，累计降雹时间>20分钟	芒果树严重损坏甚至死亡，无果实收获

（3）霜冻等级指标　根据日地面最低温度、日最低气温、持续天数和作物形态特征，将霜冻分为轻度和重度两个等级，见表C-3。

表C-3 芒果霜冻等级指标

等级	气象指标	作物形态特征
轻度	−3℃＜日地面最低温度≤0℃或0℃＜日最低气温（T_{min}）≤4℃，且1天≤持续天数＜3天，且06—09时相对湿度≥65%	叶片冻死，枝条和花序冻伤，幼苗受害
重度	日地面最低温度≤−3℃或日最低气温（T_{min}）≤0℃，且持续天数≥3天，且06—09时相对湿度≥65%	花序、叶片、结果母枝、幼树和大树主枝冻死，甚至全枝冻死

（4）高温热害等级指标 根据日最高气温、持续天数、日照时数和花期及果实膨大期作物的形态特征，将高温热害分为轻度和重度两个等级，见表C-4。

表C-4 芒果高温热害等级指标

等级	气象指标	花期作物形态特征	果实膨大期作物形态特征
轻度	35℃≤连续3～5天日最高气温＜37℃，且日照时数≥6小时	授粉率降低30%～40%，花穗烧伤，坐果率降低50%～60%	果实萎蔫，生理落果且日灼较轻
重度	连续6天以上日最高气温≥37℃，且日照时数≥6小时	授粉率降低60%～70%，花穗烧伤，坐果率降低70%～80%	生理落果且日灼重

（5）干热风等级指标 根据日最高气温、15—18时的最小相对湿度、15—18时风速最大的2分钟的平均风速和作物形态特征，将干热风分为轻度、中度和重度三个等级，见表C-5。

表C-5 芒果干热风等级指标

等级	气象指标	作物表象
轻度	32℃≤日最高气温＜34℃，且20%＜15—18时最小相对湿度≤30%，且2米/秒≤15—18时风速最大的2分钟的平均风速＜4米/秒	授粉受精不良，落花落果轻

（续）

等级	气象指标	作物表象
中度	34℃≤日最高气温＜37℃，且10%＜15—18时最小相对湿度≤20%，且4米/秒≤15—18时风速最大的2分钟的平均风速＜6米/秒	无胚果多，花期缩短，落花落果重
重度	日最高气温≥37℃，且15—18时最小相对湿度≤10%，且15—18时风速最大的2分钟的平均风速≥6米/秒	花穗和叶片出现萎蔫，落花落果严重，花柱柱头快速干枯，导致植株授粉不良，果实和幼苗易灼伤

（6）风灾等级指标　根据风力和花期作物表象特征，将风灾分为轻度、中度和重度三个等级，见表C-6。

表C-6　芒果风灾等级指标

等级	气象指标	作物形态特征
轻度	4级≤平均风力＜6级，或5级≤阵风风力＜7级，或4级≤目测风力＜6级	花粉授粉受阻、轻微落果且果皮擦伤
中度	6级≤平均风力＜7级，或7级≤阵风风力＜8级，或6级≤目测风力＜7级	大量花粉无法正常授粉，引发病害，造成落果和果皮擦伤，降低产量和商品质量
重度	平均风力≥7级，或阵风风力≥8级，或目测风力≥7级	吹折树枝，花粉授粉严重受阻，造成大量落果，严重减产

（7）旱灾等级指标　根据土壤水分、土壤形态特征和作物形态特征，将旱灾分为无旱、轻旱、中旱和重旱四个等级，见表C-7。

表C-7　芒果旱灾等级指标

干旱程度	土壤水分	土壤形态特征	作物表象
无旱	土壤含水率≥15%，或土壤相对湿度≥60%	地面湿润、土壤呈暗黑色或褐色，地表水资源充足	叶片稍有卷曲，树体生长正常

（续）

干旱程度	土壤水分	土壤形态特征	作物表象
轻旱	土壤含水率为12%～15%（不含15%），或土壤相对湿度为40%～60%（不含60%）	土壤呈黄色，出现水分轻度不足，表面结块，有少量土壤出现很细小的裂纹	叶片萎蔫，叶色变浅
中旱	土壤含水率为8%～12%（不含12%），或土壤相对湿度为20%～40%（不含40%）	土壤呈浅灰色，出现水分中度不足，土壤大部分出现较大的裂纹	叶缘干枯，枝条失水皱褶，叶片下垂
重旱	土壤含水率＜8%，或土壤相对湿度＜20%	土壤呈灰白色，出现水分重度不足，土壤全部出现很大的裂口	枝条干枯，整株树干死，叶片下垂

图书在版编目（CIP）数据

芒果栽培与病虫害防治彩色图说/詹儒林等主编. —北京：中国农业出版社，2023.8
（热带果树高效生产技术丛书）
ISBN 978-7-109-30953-1

Ⅰ.①芒…　Ⅱ.①詹…　Ⅲ.①芒果－果树园艺－图谱②芒果－病虫害防治－图谱　Ⅳ.①S667.7-64②S436.6-64

中国国家版本馆CIP数据核字（2023）第141117号

中国农业出版社出版
地址：北京市朝阳区麦子店街18号楼
邮编：100125
责任编辑：李　瑜　杨彦君　黄　宇
版式设计：杜　然　　责任校对：吴丽婷　　责任印制：王　宏
印刷：中农印务有限公司
版次：2023年8月第1版
印次：2023年8月北京第1次印刷
发行：新华书店北京发行所
开本：880mm×1230mm　1/32
印张：4.75
字数：132千字
定价：38.00元
